亡国の武器輸出

防衛装備移転三原則は何をもたらすか

池内 了＋青井未帆＋杉原浩司［編］

合同出版

読者のみなさんへ

読者のみなさんにとって「武器輸出をしないこと」と「平和国家であること」は、どのくらい強く結びついているでしょうか？「平和国家なんだから、武器輸出をしないのは当然」と思う人も少なくないでしょう。

日本政府も、ある時期までは「武器輸出をしないこと」と「平和国家であること」を当然のように結びつけて語っていました。

たとえば、日本国憲法の前文や9条が追い求める「平和」の内容として、ほんの10年ほど前には外務省も「（わが国は）武器の供給源とならず、武器の売買で利益を得ない」という武器輸出三原則を、平和国家としての実績として挙げていました（外務省「平和国家としての60年の歩み」）。

2002年から2年間にわたり、ジュネーブ軍縮会議日本政府代表大使をしていた猪口邦子氏（現自民党参議院議員）は、日本記者クラブで開かれた「猪口邦子・上智大学教授を囲む会」の質疑応答で、武器輸出三原則と「日本の国際的な高い地位と評判」の関係について、「武器輸出三原則は、日本が世界に誇る政策決定だったと思います。そのことは世界に非常に広く知られているんです。日本は（武器を）輸出していないんだ、だから、日本のいうことは聞かなければいけないんだと」

と語り、自身が小型武器軍縮会議の議長になったことについて、次のように説明しています。

「多分、私が小型武器の議長職を取れたのも、日本は、そういう意味で人道的に高い、道義的に高い位置（モラル・ハイグラウンド）に立っている。モラル・ハイグラウンドに立っているので、日本の議長でやむを得ないのではないか、という感じもあったと思うんです。ですから、国の重みはそういうところに出るんだなと思うのです」（日本記者クラブ・２００４年5月13日、日本記者クラブ会報１２６号より）。

このように、ごく最近まで「平和国家」の理念を実現するための具体的な方法として、武器禁輸の政策が国の根本原理として位置付けられていたのです。それは、外交カードの切り札の一つである武器輸出を捨てることで、国際社会の信頼を獲得するという他の諸国にはない独自の政策でした。その点で、猪口氏がいう「モラル・ハイグラウンド」という評価は的を射たものです。


しかし、安倍政権は、武器輸出を成長戦略の一環に据え、大学での軍事研究の旗振りをしたりするなど「武器輸出をしないこと」と「平和国家であること」を切り離し、強引に軍需産業強化へ政策転換を進めてきています。市民の多くが、憲法9条を持つ「平和国家」として誇りを抱いてきたはずの国が、いつの間にか正反対の国家になってしまう、そういう危険が高まっています。

戦後70年の間に築いてきた国・社会の有り様を壊すのは、簡単です。しかし、いったん壊してしまったら、ふたたび同じものを作ることは容易ではありません。

日本が第2次世界大戦後に選択して歩んだ「平和国家」としての道のりを特徴付けているのは、「殺される側」への強い倫理的なコミットメントであると、私は考えています。それは、これまでの、そしてこれからの世界史の中でも、特筆すべきことがらです。

人を殺す武器の輸出を、国家の「成長戦略」としてよいのか？　日本は、まだ、そういう違和感を抱くことのできる国であり、また社会なのではないでしょうか。まだ今なら「平和国家」が持っている意義を市民が選び直し、武器輸出大国への国のあゆみをとめることができます。

本書は、武器輸出に関わる論点を、日本のみならず世界の状況も踏まえて、さまざまな角度から、問題の核心が理解できるように編集することを心がけました。武器と平和をめぐる問題を改めて考えるための材料となればと、執筆者一同、願っています。

執筆者を代表して　青井未帆

第3部　軍学共同から軍産学複合体に向かう日本

第1部

武器輸出禁止から武器輸出国に変容する日本

1 武器輸出三原則はどのように成立し、どのように骨抜きされていったか

前田哲男（ジャーナリスト）

■軍拡が進行する自衛隊

９条をもちながら、なぜ日本は武器輸出国の道に踏みこむのか？　憲法に「国家不戦」をきざんだ国が、なぜ〈死の商人国家〉に？　その足どりを振りかえります。

そのまえに、現在、陸・海・空自衛隊がどんな実力のものかを英国際戦略研究所編の軍事データブック『ザ・ミリタリー・バランス２０１７年版』でみておきましょう。

自衛隊の現役兵数は24万７１５０人、うち陸上自衛隊は15万８５０人となっています。これはドイツ陸軍の５万９３００人の2倍以上。戦車保有数６９０両はドイツ３２２両のやはり倍以上の機甲力です。海上自衛隊は4万５３５０人。イギリス海軍の３万２３５０人を上回り、巡洋艦、駆逐艦など主要水上戦闘艦47隻は、ロイヤル・ネイビーの19隻を圧倒しています。また、航空自衛隊も4万６９５０人を擁し、戦闘機は５５６機でフランス空軍の保有機数２８２機を大きく引き離しています。

■ EU 主要国における兵員数の変化（「ザ・ミリタリー・バランス」2017 年版）

	（2016 年）	（陸軍）	（海軍）	（空軍）	（1991 年）
・ドイツ	17 万 6800	5 万 9300	1 万 6300	2 万 8200	47 万 6300
・フランス	20 万 2950	10 万 9450	3 万 5400	4 万 2050	45 万 3100
・イギリス	15 万 2350	8 万 6700	3 万 2350	3 万 3300	30 万 100
（自衛隊）	24 万 7150	15 万 850	4 万 5350	4 万 6950	24 万 64

■主要兵器の激減ぶり　1991 年と 2016 年の比較

＜戦車＞【陸上自衛隊】91 年 1200 両⇒ 2016 年 690 両	
・ドイツ軍戦車	7000 両（91 年）から 322 両（2016 年）
・フランス軍戦車	1392 両（同）⇒ 254 両（同）
・イギリス軍戦車	1314 両（同）⇒ 227 両（同）
＜作戦機＞【航空自衛隊】91 年 422 機⇒ 2016 年 556 機	
・ドイツ軍作戦機	638 機⇒ 205 機
・フランス軍作戦機	845 機⇒ 282 機
・イギリス軍作戦機	845 機⇒ 282 機
＜主要戦闘艦＞【海自】91 年 61 隻⇒ 16 年　軽空母 4 隻、戦闘艦 47 隻、潜水艦 18 隻	
・ドイツ軍主要戦闘艦	14 隻⇒ 18 隻（潜水艦 24 ⇒ 4）
・フランス軍主要戦闘艦	41 隻⇒ 24 隻（潜水艦 17 ⇒ 10）
・イギリス軍主要戦闘艦	48 隻⇒ 19 隻（潜水艦 24 ⇒ 10）
＊日本の潜水艦は 16 隻から 18 隻に。	

なんと、兵員数と正面装備（戦車・戦闘機・戦闘艦）で比較するかぎり、日本は英・独・仏を上回っている！　信じがたい数字ですが、これも自衛隊の実力なのです。

東西冷戦が終結した１９９１年の時点での西欧３国の兵力は、フランス45万３１００人、ドイツ47万６３００人、イギリス30万１００人でした。しかし、現在はその３分の１程度にすぎません。いっぽう自衛隊は、91年に24万64人だった人員が、反対に冷戦期よりやや増えている。最大の軍事大国であるアメリカにしても、91年の兵力２０２万９６００人が２０１６年には１３４万７３００人と３分の２に減っているのに……です。冷戦終結を機にEUなどで軍縮が進んだのが原因です（だからトランプ大統領は「強いアメリカ」復活をさけぶ）。

これらのデータから、日本がいかに軍縮を怠ってきたか、つまり、自衛隊の〈変わらぬ軍拡指向〉と、日本産業の〈自立した兵器・装備大国〉の実像が浮かびあがってきます。人員を減らさないから武器もふえる、かんたんな算術です。とうぜんながら、兵員数の増減は、軍隊をささえる国内軍需産業の盛衰と密接な関係をもっています。

日本は、主要装備を国産で供給できる数少ない国のひとつです。主力戦闘機、イージス艦の戦闘システムなど一部を外国企業に特許料をはらう「ライセンス生産」に依存するほかは、ほぼ自前で自衛隊に必要な装備をまかなっています。ただ、販路が国内にかぎられているため、どうしても「少量生産・高価格商品」になりやすい。そこに軍需業界の悩みがあり、抜け道としての武器輸出に手が伸びるのです。

冷戦後、アメリカはじめ西欧各国の軍需業界では、リストラや倒産、合併など、はげしい生き残り競争がつづけられました。そうした国際的な産業の動向が、世界有数の兵器・装備で身を固めた自衛隊、また、すでに産業社会のなかに確固とした位置を占めるにいたった日本の業界に影響をあたえないはずはありません。

日本の軍需産業が、「武器輸出三原則」のくびきを断ち切って、世界市場と国際共同開発の場に乗りだしていく背景に、安倍政権のかかげる〈積極的平和主義〉と〈日米同盟重視〉があるのはまちがいありません。軍拡路線に便乗した武器輸出の自由化は、〈産業版・集団的自衛権の行使〉といえる光景です。国内限定生産から〈海外で商売できる武器生産〉への転換なのです。

日本は、冷戦後も軍縮というリストラを実施しないまま、海外派兵の道へと踏みだしました。武器輸出問題もおなじです。そこを根底から考えるには、先人が、暴発しかねない武器生産の論理をどう制御してきたかについての学習が必要になります。

■朝鮮戦争による軍隊の蘇生

敗戦直後、軍国日本をささえた軍需産業は、Ｂ―29の空爆によって生産基盤をほぼ破壊し尽くされ、ついで占領軍による「財閥解体」政策で分割と離散の逆境におちいりました。破滅の淵から脱する機会がめぐってきたのは、朝鮮戦争（１９５０～53年）を契機にした「米軍特需」という思いがけない需要の発生、そして「警察予備隊」創設（50年）に始まる再軍備の進展でした（52年「保安隊」、54年「自衛隊」）。再軍備がもたらした国内調達は、４次にわたる「防衛力整備計画」（１次防～４次防　58～76年）となって軍需企業に救済をもたらしました。

くわえて、日米安保条約（52年に旧安保発効、60年安保改定）のもとでアメリカ～日本間に〈武器の道〉が開設され（「日米相互防衛援助協定」54年）、それと前後して、軍需産業を再興させる法律（52年「航空機製造事業法」、53年「武器等製造法」）の制定がつづき、さらに業界団体として、52年、経団連に「防衛生産委員会」が発足、53年には業界団体「日本兵器工業会（略称：兵工会）」

の設立へとつながっていきます。これが軍需業界にとっての〈戦後の始まり〉でした。

1960年代に、旧財閥系企業の再結集（三菱3重工業合同、川崎系3社合同、石川島重工業・播磨造船所合併、三井造船合併）がおこなわれ、財閥解体以前の企業ブランドが復活していくのです。この段階でこんにちの防衛省納入業者における不動の顔ぶれがそろいます。

このような経過をたどりつつ、日本経済は、内側にふたたび〈軍需生産＝先端技術〉、〈大企業＝独占契約〉という体質を抱えこむこととなったのでした。

■ふたつの「三原則」

憲法理念の数少ない具現化といえる「武器禁輸政策」は、逆流に抗する歯止め策として、60年代にうまれました。「武器輸出三原則」と呼ばれるものです。それがこんにち「防衛装備移転三原則」と名を替え、〈禁輸〉から〈解禁〉へと逆転していく状況は、戦後改革でなされた経済民主化への〈とどめの一撃〉であるし、また〈産業版・改憲〉といって過言でありません。それを、どのように〈憲法の側へ〉再生させるか、そこにこそ武器輸出に反対する側の課題があります。

「武器輸出三原則」として知られる武器輸出禁止政策は、1967年に佐藤栄作内閣がしめした「三原則」と、76年の三木武夫内閣による「三原則」からなります（後者は「新三原則」とも呼ばれます）。いずれも政府統一見解として国会で表明されたものです。重要な文書なので全文を引用しておきましょう。

●「佐藤三原則」 1967年4月21日 衆議院決算委員会

輸出貿易管理令により通産大臣の承認を要することとなっている武器輸出について、次の場合には原則として承認されない。

イ　共産圏諸国の場合

ロ　国連決議により武器等の輸出が禁止されている国向けの場合

ハ　国際紛争の当事国又はそのおそれのある国向けの場合

（武器の定義について、輸出貿易管理令「別表」記載項目に該当品目として「兵器の製造用に特に設計した機械装置及び試験装置並びにこれらの部分品及び付属品」「銃砲及びこれに用いる銃砲弾並びにこれらの部分品及び付属品」「爆発物」「軍用車両」「軍用船舶」「軍用航空機」などと例示された）

●「三木三原則」 1976年2月27日 衆議院予算委員会

1　政府の方針

「武器」の輸出については、平和国家としてのわが国の立場から、それによって国際紛争等を助長することを回避するため、政府としては、従来から慎重に対処しており、今後とも、次の方針により処理するものとし、その輸出を促進することはしない。

（一）三原則対象地域については「武器」の輸出を認めない。
（二）三原則対象地域以外については、憲法及び外国為替及び外国貿易管理法の精神にのっとり「武器」の輸出を慎むものとする。
（三）武器製造関連設備の輸出については「武器」に準じて取り扱うものとする。

2 武器の定義

「武器」という用語は、種々の法令又は行政運用の上において用いられており、その定義については、それぞれの法令等の趣旨によって解釈すべきものであるが、
（一）武器輸出三原則における「武器」とは「軍隊が使用するものであって、直接戦闘の用に供されるもの」をいい、具体的には、輸出貿易管理令別表第1に掲げるもののうちこの定義に相当するものが「武器」である。
自衛隊法上の「武器」については「火器、火薬類、刀剣類その他直接人を殺傷し、又は武力闘争の手段として物を破壊することを目的とする機械、器具、装置等」であると解している。なお、本来的に、火薬等をとう載し、そのもの自体が直接人の殺傷又は武力闘争の手段としての物の破壊を目的として行動する護衛艦、戦闘機、戦車のようなものは、右の武器にあたるものと考える。

2つの「三原則」がなされた時代背景をふりかえると、「佐藤三原則」がなされた67年は、東大

生産技術研究所が開発したペンシルロケット（全長23㎝／直径1・8㎝）のインドネシアとユーゴスラビア向け輸出が国会で問題にされた時期にあたります。これが武器輸出をめぐる最初の国会論戦でした。佐藤栄作首相は、社会党議員の質問に「わが国で生産する武器はすべて防衛的性格のものだから、国産武器を買いたいという国に売ることはいっこうにかまわない」としつつ、「ただし、輸出貿易管理令や国連決議などで武器禁輸国となっている国については輸出規制の措置を尊重する」とのべ、ここで「佐藤三原則」がしめされたのでした。

ただし、この答弁は、憲法の精神にもとづく政策表明であるより、共産圏への輸出規制、つまり「ココム（COCOM＝対共産圏輸出統制委員会）」で指定された禁輸リスト「輸出貿易管理令別表」を下敷きにした〈コピー〉といったものでした。それでも、ともかく武器輸出を包括的に規制する最初の指標になりました。

これに対し「三木三原則」のほうは、より積極的意義をもっていました。1の「政府の方針」にあるように「平和国家としてのわが国の立場から」「憲法の精神にのっとり」と、武器禁輸が憲法に立脚していることを明示し、また、佐藤三原則にある「原則として（輸出は）承認されない」を「武器の輸出を認めない」につよめ、さらに、対象を「（佐藤）三原則の対象地域以外」および「武器製造関連設備」にまでひろげています。その結果、ほぼ「全面禁止」といえる、格段に強化された規制策となりました。

この佐藤・三木ふたつの「三原則」は、防衛業界にとって思惑に反するものでした。当時、経団連など財界は、国産開発されたC—1輸送機（主契約社 三菱重工）、US—1多用途飛行艇（新明和工業）、KV—107ヘリ（川崎重工業）の輸出を画策し、政府に「武器輸出解禁」圧力をかけていた、そのさなかだったからです。くわえて、第4次中東戦争にともなう「オイルショック」（73年）が日本経済を直撃、そのあおりで、防衛産業をけん引してきた「防衛力整備計画」が4次防（72〜76年）で打ち切られたこともかさなり、財界の輸出解禁要求はいっそう高まっていた時期にもありました。そこに、より強化された「新三原則」がしめされたのです。

ただし、「三木三原則」は（自民党政権だからとうぜんですが）あいまいさも内包していました。三木首相は「全面的に武器輸出を禁じてしまうという解釈ではない」（76年2月4日衆議院予算委）と答弁し、また、武器の定義も「本来的に、直接戦闘の用に供される物」と限定されたので、C—1輸送機やUS—1多用途飛行艇は「準武器」あつかいとされ「新三原則」に抵触しないという解釈がなされました。

河本敏夫通産相は「輸出する場合には、軍用の装備を変更してお願いしたい」と、民間輸送機用に改造したC—1であれば輸出が認められるむねの答弁をしています（2月27日衆議院予算委）。業界向け「新三原則」の素顔といえます。当時のメディアの受けとめ方にも相反する見方の解説、たとえば、朝日新聞の「従来の方針を強化　防衛産業界、思惑はずれ」（76年2月23日）と、毎日新聞の「業界の要請は汲む〝名を捨てた〟武器輸出見解」（2月28日）がなされています。

ここでしめされた「準武器」という用語は、やがて、より幅ひろい「汎用製品＝デュアルユース」

に置き換えられ、「防衛装備移転三原則」の土台となります。経団連は、「準武器」と「デュアルユース」をテコに対政府圧力をつよめていくのです。

■武器輸出禁止国会決議

当時、武器輸出にかんする世論はきびしいものでした。朝日新聞の世論調査によれば「禁止、7割が賛成　20代前半は8割に達す」とあります。こうした世論を背景に社会党、共産党は、70年代から4回にわたり「三原則」を「武器輸出禁止法」とする法案を提出しますが、自民党政権は「技術輸出に障害がある」として拒否しつづけます。

しかし、81年初頭、３つの武器密輸事件が相ついで発覚したことで、政府方針が尻抜けであった実態があきらかになり、それを機に衆参両院で武器輸出禁止決議がなされます。摘発された３事件とは、以下のようなものでした。

・堀田ハガネ事件―大阪の特殊鋼輸出商社・堀田ハガネが、韓国・大韓重機工業に榴弾砲の砲身（半製品）と部品３５００点を納入していた（81年1月）。

・日本製鋼事件―大砲メーカー・日本製鋼所も、韓国、英国企業に技術および価格見積書を提供していた（81年1月）。

・三宝伸銅事件―伸銅業界トップ・三宝伸銅工業が73年以降、銃弾材料となる真鍮板、黄銅板などをフィリピン兵器廠に輸出していた（81年2月）。

これら事件を受け、以下の国会決議がなされます（81年3月21日、31日）。

わが国は、日本国憲法の理念である平和国家としての立場をふまえ、武器輸出三原則、並びに昭和五十一年政府統一見解に基づいて、武器輸出について慎重に対処してきたところである。しかるに、近年右方針に反した事例を生じたことは遺憾である。よって政府は、武器輸出について、厳正かつ慎重な態度をもって対処すると共に制度上の改善を含め実効ある措置を講ずべきである。

右決議する。

国会決議をうけ、政府は「実効ある措置」として、①通産省令、大蔵省令を改正し、通関審査などを強化する。②連絡調整や指導、情報収集などを行なうため通産省に「武器輸出審査監督官」、税関に「武器専門官」を置く。③関係業界に対する指導強化、の3項目を決め、業界に警告を発する措置をとる、と約束しました。しかし社会・共産両党から提出された「武器輸出禁止法案」については審議に応じず廃案となります。

以上のように、60年代から80年代初頭にかけては、曲がりなりにも「日本国憲法の立場を踏まえた」武器禁輸の論議や政策が現実の政治を動かしていた時期であったといえます。しかし「堀田ハガネ事件」と同時期に、米政府から日本の武器技術をアメリカに譲渡せよという要求にあうと、それまで積みあげてきた原則と政策は、〈安保条約の論理〉のもとで変質し、時とともに崩壊していくのです。

■中曽根内閣の〈安保例外〉政策

「武器輸出禁止確認」の国会決議から3カ月後の1981年6月末、訪米した大村襄治防衛庁長官に対して米側から、通信・電子機器など軍事関連技術の対米供与をもとめる要求がなされました。政策と反対の事態です。宮澤喜一官房長官は「大村長官が帰国したら、先方の具体的な希望の趣旨を聞き、武器輸出三原則などの関連を含め、防衛、通産、外務など関係省庁の事務レベルで前向きに検討してはどうかと考えている」と〈前向き〉に反応しました（朝日新聞81年7月3日）。

7月になると、以下の政府見解が固められます。①日米相互防衛援助協定（MDA）など国際協定は武器輸出三原則に優先する。②従って、軍事技術でも対米供与はできる。③民間技術は所有者の意思に反して強制的に提供させず、行政措置で誘導させる。

コペルニクス的転回。つまり、安保条約にもとづく協定を武器輸出三原則に優先させるという決定です。たしかにMDA協定には、「いずれか一方の政府からの要請があれば技術知識交換を行なう」という規定がありますが、それを「対米技術供与」の口実に利用したのです。

81年11月には「対米武器輸出について―基本的な考え方―」と題する長文の政府文書が公表され、〈対米例外〉の論理が打ちだされました。どんな理屈がもちいられたか？　要点は5つにまとめられます。

①「三原則」「国会決議」にもとづく基本政策は、それ自体に法的効力があるわけではない。

②基本政策（三原則）はすべての国が対象であり、米国にも一般的な意味で適用される。

③しかし、安保条約第3条の目的に従い、米国の防衛努力を維持・発展させるための援助としての対米武器輸出は、基本政策とは次元の異なる「安保関係武器輸出」というべきである。安保第3条は「相互援助」を定めている。

④具体的には「安保関連武器輸出」をMDA協定の下に置き、三原則の枠外として扱う。

⑤現在、米国とのみ安保関係にあるので、武器輸出が米国以外に広がる懸念はない。

以上の基本見解は、鈴木善幸内閣時代に形成されたものですが、鈴木首相は採択することに難色をしめし、在任中は米側のもとめる「完全な相互交流」との溝は埋まりませんでした。

鈴木内閣を引き継いだ中曽根康弘内閣は、組閣1カ月半後の83年1月14日、「武器輸出三原則等の例外化措置」を閣議決定します。安倍首相の「集団的自衛権行使容認」閣議決定にも似たちゃぶ台返しでした。後藤田正晴官房長官「談話」の要旨――

一、これまで我が国は米国からの防衛力整備のため、技術の供与を含め各種の協力を得てきている。近年我が国の技術水準が向上してきたこと等の新たな状況を考慮すれば、我が国としても、防衛分野における米国との技術の相互交流を図ることが、日米安保体制の効果的運用を確保する

上で極めて重要となっている。

二、上記にかんがみ、米国の要請に応じ、相互交流の一環として米国に武器技術（その供与を実効あらしめるため必要な物品であって武器に該当するものを含む）を供与する途(みち)を開くこととし、その供与に当たっては武器輸出三原則によらないこととする。

三、なお、政府としては今後とも、基本的には武器輸出三原則を堅持し、昭和五十六年三月の武器輸出問題等に関する国会決議の趣旨を尊重していく考えであることはいうまでもない。

この従来政策を実質破棄する政策転換のあと、日米両政府は「武器技術共同委員会」（ＪＭＴＣ）を発足させ（84年11月）、翌年には「実施細目取極」を締結します。〈安保の抜け道〉を利用して、最大の武器生産国・最大の武器輸出国とのあいだに太いパイプが設定されたことになります。以後94年までに「携行ＳＡＭ関連技術」「米海軍の武器たる艦船の建造のための技術」「米海軍の武器たる艦船の改造のための技術」など6件が米側に供与されています（『防衛白書２０１６年版』資料編掲載の「日米共同研究・開発プロジェクト」には、99年以降供与された、継続中4件をふくむ16件のリストが掲げられています）。

■「防衛装備移転三原則」へのコペルニクス的転回

中曽根内閣が敷いた日米間〈武器の道〉は、他方で、83年に米レーガン政権が打ちだした「戦略防衛構想（ＳＤＩ〔戦略的防衛構想〕）」の西太平洋版（ＷＥＳＴＰＡＣ）に、三菱重工、三菱電機、日立、ＮＥＣ、富士通など日本企業8社が参加する進展をみせます（88年）。それにより日本の軍需産業界に、従来の「組み立て・ライセンス生産」＝垂直協力型と異なる「共同開発」＝水平協力型の芽がつくられることになりました。〈日本版軍産複合体〉の萌芽です。

冷戦が終結し、対ソ・ミサイル防衛＝ＳＤＩ（戦略的防衛構想）が、対北朝鮮、対イラン・ミサイル防衛＝ＢＭＤ（弾道ミサイル防衛）に変化すると、それに対応して「日米ＢＭＤ共同開発計画」がスタートし、「武器輸出三原則」を「防衛装備移転三原則」に〈再度のコペルニクス的転回〉をうながす素地がつくられていきます。以下の流れです。

クリントン政権の呼びかけで開始されたＢＭＤ計画を、日本政府は、最初「参加・導入を前提とせず、事務的な共同研究」という条件で受けいれ（93年）、95年度、調査研究費２０００万円を予算化しました。それが98年には「共同技術研究」に格上げされ、予算額も9億６０００万円（99年度）、20億円（２０００年度）、37億円（01年度）と増額していきます。

そして05年12月には「06年以後、研究段階から開発段階に移行する」との閣議決定がなされ、併せて「場合によっては第三国への供与がありうる」との国会答弁（大野功統防衛庁長官　参議院外交防衛委05年5月14日）までとびだします。安倍政権の登場を待つまでもなく、この時点で「武器輸出三原則」は〈首の皮一枚〉を残すだけになった、といってよいでしょう。

以上は、安倍政権出現前における、すなわち「武器輸出三原則」成立から骨抜きにいたる過程の、いわば「前史」にあたるものです。そのこんにち版を、いま私たちは見ています。

それにしても、武器輸出禁止を支持する市民の意識に決定的な変化があったとは思えません。日本を、戦闘機や精密誘導ミサイルの輸出国にして、罪のない子どもを殺す国にすることなど、だれも望んでいないはずです。とするなら、安倍政権の安保政策に批判が高まっているいま、「戦争法廃止」とともに、「防衛装備移転三原則」の廃止と、かつて廃案にされた「武器輸出禁止法」の制定の世論を盛りあげていくことが大切ではないでしょうか。

2 憲法9条の具現化として武器輸出三原則はあった

青井未帆（学習院大学大学院法務研究科教授）

■平和国家を選び取る市民の選択として

私が憲法9条について研究をしようと考えた一つのきっかけは、武器輸出三原則です。「三原則の法的な性格とは何だろう」と考えていた際に、自分の中で、そのことが憲法9条をどう理解するかという問題と急につながった瞬間がありました。「なるほど、憲法9条というのは、9条という条文一つだけの問題ではないのだ。その下での様々なしくみの総体の中に具現化しているのであって、それが9条の生きている『姿』なんだ」と、心の底から得心がいったのでした。

戦争放棄、戦力不保持、交戦権の否認を定める9条は、国の安全保障政策に限界を作ってきました。国がとることのできる政策に、憲法的な枠をはめてきたのです。たとえば、自衛隊が軍隊ではなく「自衛隊」であったのも、9条の作用の結果です。また、三原則のように、9条は具体的な制度を作り出すことにも関わってきました。

このように、憲法9条が単なる理想ではなく「法」として、つまり現実に国家を縛る力を持つものとして、政治の世界でも受け止められてきたことは、実はすごいことでした。よく、「9条なんて理想に過ぎない」といった批判が聞かれますが、ほかならぬ政府それ自体が、「法」として、拘束力を認めてきたのですから。今でも、盛んに「9条は現実と合っていない」「もう古い」という言説が繰り返されていますし、自衛隊を憲法に書き込むという提案もなされていますが、逆に見れば、それだけ今日なお、9条が政治にとって「目の上のたんこぶ」として機能しているということでしょう。

そこで9条の具現化という観点から三原則を見るに、まず注目されるのは、そもそも、憲法に三原則について何も書かれていない点です。実は、憲法はおろか、法律にも書いてありません。三原則の法的な性格としては、外国為替及び外国貿易法（外為法）に基づく政令（輸出貿易管理令、外国為替令）の別表の「運用方針」だったのです。

そこで、三原則は「単なる運用方針にとどまるのだ」と強調して、武器輸出三原則の撤廃を主張する議論も、長年にわたってなされてきました。しかし、もしも「運用方針」に過ぎないものだったら、方針転換にこれほど大きな政治的エネルギーは必要なかったでしょう。

武器輸出三原則は、武器輸出を否定的に考える世論を背景に、国会での議論や決議がなされて、形作られてきました。そしてそのルールの変更は、少なくとも内閣としての意思決定(官房長官談話)を必要とするものとして、長らく扱われてきました。

つまり、「平和国家としていかにあるべきか」に関わる国民的選択こそが、三原則の「本籍」なのです。三原則の法的性格はいささか曖昧ですが、それでもなお、憲法に近いものとして三原則を理解してきたのは、私たちでした。憲法の「精神」を私たちが解釈し実践するという、国民的な、さらには世代を超えた営みがあったがゆえであると強調したいと思います。

■武器輸出三原則の成り立ち

最初から三原則が「平和憲法の具体化」として誕生したわけではありません。三原則を三原則として成長させたのが私たちであったことを、次に見ていきましょう。

三原則は、対共産圏輸出統制委員会（ココム）規制執行の一環として、当時の通産省がとっていた内部方針でした。ココムは、西側諸国から武器が共産圏諸国に許可なく流れ出るのを規制することで、軍事的優位性を確保しようという戦略でした。日本は、ココム発足の１９４９年11月当初は外国貿易自体が占領軍の管理下にあり、これに参加していませんでしたが、朝鮮戦争の最中の１９５２年にココムに加盟することになります。

もっとも、ココムに加盟したことで、即座に軍事的な観点から独自に輸出が管理されるようになったのかというと、必ずしもそうではないように見えます。経済問題の裏で明確化されない形で、安全保障としての輸出管理の問題があったというほどのことではないかと考えています。

事態が大きく動いたのは、１９６７年のペンシルロケット輸出問題でした。国会で平和主義の精神から、日本で開発製造された武器が外国に輸出されることの意味が問われたことがきっかけです。

佐藤栄作首相が、ココム規制に関する通産省の内部方針を答弁したことが、武器輸出三原則の出発点とされています。この答弁は、「無制限には武器を輸出しない」という理解を示しただけとも言えます。そのためこれは、三原則撤廃に賛成の論者によって、「武器が輸出できるのは当初は当然のこととされていた。さらに厳格化した部分が逸脱だ」という主張をするのに使われました。答弁だけを取り出せば、このような主張は正しいことを言っているように見えるかもしれません。

しかし、先に示したように、三原則を生成過程の全体像で捉えるなら、出発時点のみを取り上げるのは、過小評価です。佐藤首相の思惑に関わりなく、国会で三原則が表明されたことが、国内的にも国際的にも強いアピール力を持ち、支持を広げたのでした。実質的に言えば、憲法的・道徳的な意味での武器輸出三原則の真の誕生は、国民的な支持の醸成されたこのあたりの時点に求められるべきです。

三原則への支持の背景には、ベトナム戦争に反対し、日本で作った武器が人を殺すことへの強い抵抗感が、広く国民に共有されていたことが挙げられます。三原則の規範内容を作っていったのは、日本が武器を輸出するという事実を突きつけられた国民の側だったのです。つまり、三原則は、国の方針であるのみならず、国民による「平和国家」の国柄の選択という性格を有するのです。それは、非核三原則、防衛費のＧＮＰ１％枠、軍事大国にならないこと、専守防衛といった政策についても、多かれ少なかれ言えることです。

そういった流れの中で、１９７６年には三原則の厳格化が行なわれ、「三原則対象地域以外の地域については、憲法及び外国為替及び外国貿易管理法の精神に則り、『武器』」の輸出を慎む」という原則が加えられました。三原則の厳格化が憲法とその下での法律の「精神」に則って行なわれるという体裁が取られていることに、注意を払いたいと思います。

さらに、1981年に起きた堀田ハガネ事件（韓国へ砲身の半製品を輸出承認なしに輸出した事件）を契機として、「武器輸出問題等に関する決議」が国会でなされています。81年の国会決議は、三原則が緩められていく前の、「憲法の理念」や「精神」を具体化するルールの生成過程における頂点だったのだろうと思われます。

三原則緩和が本格的に始まった83年の時点では、武器輸出の問題が憲法問題であると、一般的に理解されていたであろうことを、一つ例を挙げて見ておきたいと思います。中曽根首相が、83年の対米武器技術供与決定について、「国会が止まることも覚悟して対処する」（2015年に公開された外務省の外交文書）と述べていました。腹を決めてかからなくてはいけない、大きな事柄として認識されていたのです。そして、中曽根氏の回顧録には、内閣法制局内部で「日本の安全保障政策、平和外交に抵触するという議論」があり、「武器をそのまま向こうへ渡すのではなくて、ノウハウを教えてやるなら**憲法違反**にならないという私の解釈を法制局長官に話して口説いた」と書かれています（『中曽根康弘が語る戦後日本外交』、強調は引用者）。

外交に関わる手柄話ですので、どこまで真実が語られているのか、ここでは検証のしようのないことですが、興味深いのは、中曽根氏の言葉の中に傍点を付したように「憲法違反」という単語が出てくることです。三原則を憲法問題として理解していたと解釈できる中曽根首相の言葉に注目しておきたいと思います。

なお、70年代後半に見た三原則厳格化は、単に理念的な観点から規範が厳しくされたというものではないことにも、注意を払う必要があるでしょう。76年の厳格化にしても、中型輸送機C１や多用途飛行艇US１についての輸出促進という産業界からの要求、政府としての輸出承認の意向と国会での議論、加えて三木首相の政治的思惑との、いわば「合成作用」によって、武器禁輸政策の内容が厳格化されたのでした。中型輸送機も多用途飛行艇も「武器ではない」とされたことでも明らかなように、抑制的な武器移転方針の下にありながら「武器」輸出へ現実的な対応をとりやすくするためであったという側面も否定できません。三原則へは、83年に中曽根首相の「首相裁断」としてなされた対米武器技術供与をはじめ、いくつもの例外が加えられることになりました。つまり、最も厳しい三原則が現れたけれども、そこには緩和への出発点が内包されていたとも言えるのです。

■適切な手続きなしに武器輸出三原則を撤廃

次に、武器輸出三原則が撤廃されていく「手法」に注目しながら経過を追いましょう。

先に見たように、法的なステータスは常に曖昧だった三原則ですが、憲法に非常に近いところにあるものであり、平和国家としての「理念」や「精神」を具体化するルールとして生成・発展したのでした。そうである以上、三原則を撤廃しようというならば、しかるべき手続きを踏んで、新たな国民的選択を経なければいけないのは当然です。

しかし、政府は、国民に諮り政策転換するという正面突破を避けて、じわじわと気づかれにくい方法をとって、骨抜きにしていくという方法を選択しました。三原則の「本籍」と理解すべき国民的議論と選択が飛ばされたのですから、正統性に欠ける転換であったというべきです。

三原則への大打撃は、民主党・野田政権下で加えられました。実質的にはこの時に、武器輸出三原則の「原則」と「例外」の関係が逆転させられたのです。しかも、なんとそれは、年も押し詰まっての２０１１年12月27日に出された官房長官談話を通じてでした。国会での議論なしに、同年11月から約1カ月間に3回の副大臣級非公式会合だけで決定されたのです。民主党政権下では、全般的に、自民党政権下よりも、安全保障関係の政策変更にかける期間が短かったように思われますが、三原則の政策変更もそういったもののうちの一つでした。

当時の民主党政権が、熟考の上「国会での議論を経ない」と選択をして、意図的に「原則と例外を逆転させる」という変更をしたのか、あるいは官僚や業界団体も含めた力関係の結果として、このような手法を選択するに至ったのか。はたまた、そのどちらでもないのか。真実はわかりませんが、いずれにせよ、適切な手続きを踏んだとは言いがたい手法で、重大な政策変更が行なわれてしまったことは事実として残ります。

武器輸出三原則の「原則と例外」の逆転と言いましたが、それは83年の中曽根内閣時の緩和とは性格が違うものでした。83年の中曽根内閣の時になされたのは「米国の要請に応じ、相互交流の一環として米国に武器技術（その供与を実効あらしめるため必要な物品であって武器に該当するものを含む）を供与する途（みち）を開く」という三原則への例外作りでした。例外となるかどうかは、事例ごとの判断だったことがポイントです。

これに対し、２０１１年には例外化措置が取られるかどうかについての「基準」が示されています。武器の「目的外使用」や「第三国移転」に日本政府の事前同意を必要とするなどは前提とされていたとはいえ、例外化措置についての「基準」によって「我が国との間で安全保障面での協力関係がありその国との共同開発・生産が我が国の安全保障に資する場合」の「防衛装備品等の国際共同開発・生産」などは包括的に例外化されたのです。

だから、武器輸出三原則が骨抜きにされたのは正にこの時だったのです。そのような大きな政策変更をしたのに、国会で議論をすることさえしなかったのは、とても大きな問題をはらんでいます。

というのも、国会論戦は政府の説明責任を確保する上で、非常に重要だからです。議事録が残される公的な会議ですから、質問や答弁された内容は、後世においても検討や検証が可能です。たとえば、戦後の憲法９条に関する政府の説明が、厳しい国会論戦を通じて形成されてきましたが、政策が行政の過程で実施される際にも、その説明は解釈基準として用いられるため、政策を民主的に縛る上で効果的なのです。

三原則における「原則と例外」が転換される際、国会での議論がなかったことは、そういった面倒な事態を避けるためだったのではないでしょうか。しかし、三原則の本籍が「平和国家としていかにあるべきか」に関する国民的な理解にあることに鑑（かんが）みれば、国会での十分な議論が絶対に不可欠だったはずです。

さらに野田政権は、国民を誘導するような宣伝までしました。「包括的例外化」を受けてハイチ大震災後の自衛隊PKOが、瓦礫（がれき）の撤去や道路の補修に使った重機をハイチに譲与したという広報がされたのですが、これは国民に対する誘導的な、意図的な広報だったものと考えられます。

というのも、ハイチで使われた重機には、ライフル銃を入れるホルダーの付いているタイプもあり、それは「武器」として分類されていましたが、ホルダーの付いていないタイプの重機を残してくることは、従来から行なわれてきたことだったからです。それを、あたかも三原則の包括的例外化によって、重機を残してくるという人道的な国際貢献ができるようになったかのごとく広報しました。事実に基づかない、許されない情報操作だったと言わざるを得ません。

政府がこうしたことをするのはなぜいけないことなのか。国民が意識しないまま、意図的に人々の考え方を一定方向に誘導して、間接的に人々の心の内側を操作する恐れがあるからです。そういう手法は、民主政治を維持する上で、とられてはならないものです。

■変わる「平和国家」の意味

さて、2011年の官房長官談話では、「国際紛争等を助長することを回避するという平和国家としての基本理念」という従来からの言い回しが使われてはいました。もっとも、実質的に武器禁輸政策の「原則と例外」を逆転させるものだったのですから「平和国家としての基本理念」といっても、それはもはや枕詞（まくらことば）でしかなかったわけですが。

さらに今日では、もはや「国際紛争等を助長することを回避するという平和国家としての基本理念」という言葉さえ、使われていないことに注目しなければなりません。

代わりに「国連憲章を遵守するとの平和国家としての基本理念」という文言が使われるようになりました。この言葉は、F35戦闘機の部品輸出を武器輸出三原則の例外として認める内閣官房長官談話（2013年3月1日）や、南スーダンで展開しているUNMISS（国連南スーダン派遣団）で、国連と韓国からの要請に応えて、国連を通じて自衛隊から韓国軍に弾薬約1万発を譲渡した際の内閣官房長官談話（2013年12月23日）、2014年4月1日の「防衛装備移転三原則」の閣議決定などで使われています。

しかし、考えてみても、国連加盟国なら国連憲章を遵守するのは当然です。加盟国はすべて、軍事強権国家も含めて「平和国家」ということになりますが、日本は、軍事によらない「平和国家」を目指してきたのではなかったのでしょうか。いつの間にか、「平和国家」という言葉で国民がイメージしてきた国家とは、まったく違う国家への道を歩み始めてしまっているのではないでしょうか。それが私たちの目指していた国のあり方なのか、改めて問われなくてはなりません。

■新三原則で武器輸出を完全解禁

2014年4月1日に「防衛装備移転三原則」（以下、新三原則）が閣議決定され、実質的に三原則が撤廃され、武器輸出の全面解禁がなされることとなりました。

新三原則では、「紛争当事国などには武器を輸出しない」との文言は残されたものの、「紛争当事国」の定義は「武力攻撃が発生し、国際の平和及び安全を維持し又は回復するため、国際連合安全保障理事会がとっている措置の対象国」と、極めて狭く限定されました。そのため、日本が武器輸出できないのは、国連安全保障理事会が武器禁輸を決議しているわずか11カ国（アフガニスタン、中央アフリカ、コンゴ民主共和国、エリトリア、イラク、レバノン、リベリア、リビア、北朝鮮、ソマリア、スーダン）のみです。そして、平和貢献や国際貢献の積極的な推進につながる場合、また国際共同開発など、日本の安全保障に資する場合に、一定の審査を経れば輸出が可能となりました。また、実績のない案件や重要案件などについては、国家安全保障会議が非公開会合で可否を最終判断するしくみとなっています。

以上のように、政府は、国民的議論を避けるよう細心の注意を払い、何年にもわたる試みの末、多大なエネルギーを傾注して、武器禁輸という日本の方針を転換したのです。

■終わったわけではない

しかし、この新三原則によって戦略的外交的な武器輸出のための環境が整ったわけではないことを強調しておきたいと思います。

日本の防衛産業がアメリカの軍需産業の下請けとなる危惧や懸念が、業界内部でも抱かれています。２０１５年10月1日に「防衛装備庁」が発足しましたが、これはどのような組織となっていくのでしょうか。防衛装備庁が今後の武器輸出の推移の重要な鍵を握っています。

武器輸出は利益の追求という側面と、安全保障の側面とが、一体となっていますが、どの役所がそれらの側面を統括するのでしょう。具体的に言うなら、経産省と防衛省は、どのような関係になるのでしょうか。いずれも、これからの動きを注視する必要があります。

そして企業が、国民から「死の商人」と指弾されることへ、まだ躊躇を示しています。武器の製造販売にかかわる「レピュテーションリスク」は、日本においてはまだ高いでしょう。森本敏元防衛大臣は武器輸出に積極的な立場ですが、オーストラリアへの潜水艦売り込み失敗の一因として、「レピュテーションリスク」があったと分析しています（ＢＳフジ・プライムニュース）。

さらに、軍産複合体を作ろうという安倍政権の思惑も、軍事研究禁止を継承する日本学術会議の声明が出され、それに対する国民の支持が広がるなど、簡単には達成できていません。

つまり、まだ、終わっていないのです。三原則は、国民が作ってきたものでした。他国に例を見ない武器輸出禁止の政策は、私たちが考え、選びとってきた憲法の謳う理念の一つの具体化の形です。そうである以上、三原則撤廃という選択をする際には、私たち国民が考え、判断することが求められてしかるべきです。

武器輸出大国は、本当に、私たちの目指す国のあり方なのか。これが、本来、私たちが真剣に考えるべき問題でした。しかし、「国民の関心をそらすため」とも勘ぐられるような、決定手続きのショートカットであり、印象操作の連続でした。

強調したいのは、そうであるがゆえに、三原則の撤廃は正統性が低いということです。武器輸出三原則は「防衛装備移転三原則」となりましたが、正統性が伴っていないため「過ぎたこと」「終わったこと」にはされえないのです。なにしろ、正面から議論をきちんとしていないのですから。だから、「私たちは承認したわけではない」ということはまだ十分、主張できるし、していかなくてはなりません。

紛争を力づくで解決することは不可能です。暴力の連鎖とテロが主権国家には制御不能な域に達しつつある今日、武器によって命を落とし、傷つき、財産を失う側に思いをいたし続けることが重要でしょう。

日本国憲法は前文で「われらは、全世界の国民が、ひとしく恐怖と欠乏から免かれ、平和のうちに生存する権利を有することを確認する」と謳っています。それが何を意味するか、その実現は、これからの私たち市民の手にかかっているはずです。その実現方法として、武器輸出三原則が持っていた力を、改めて確認したいと思います。

3 「防衛装備庁」が武器輸出の旗振り役として発足した

望月衣塑子（東京新聞記者）

■1800人の陣容で防衛装備庁が誕生

武器の研究開発から設計、量産、調達、武器輸出などを一元的に担う防衛省の外局として、2015年10月1日、防衛装備庁が発足しました（41ページ図参照）。

防衛装備庁の庁舎前に現れた中谷元防衛大臣（当時）は、防衛装備庁初代長官に就任した渡辺秀明前技術研究本部長とともに晴れ晴れとした顔で「防衛装備庁」の看板の脇に立ちました。地方局の職員が描いたという緑と青の地球のまわりを、自衛隊の戦闘機や戦車、護衛艦が取り囲むロゴマークを大事そうに掲げ「防衛装備品をより効率的に取得し、拡大している装備行政に的確に対応していきたい」と、報道陣にお披露目しました。

多くの報道陣や防衛省職員らが取り囲むなか、渡辺新長官は「国会議員の先生方、それから各府省庁の皆さん、産業界の方々から非常に強くご支援いただいたということで誕生したという認識を持っている。期待値が高い。全力を尽くして対応したい」と力を込めました。

防衛装備庁の職員数は事務官・技官1400人と自衛官400人をあわせ1800人。請け負う武器などの直接の契約額は約1兆6000億円で、陸海空自衛隊の地方調達分とあわせると防衛省予算の4割にあたる総額2兆円を扱い、これまで汚職が取りざたされた防衛省の外局のどの庁よりもはるかに絶大な権限と予算を握っています。

防衛装備庁の設置には、与党からも「防衛企業との癒着が進み、不正の温床になる」と批判の声も出ましたが、武器の共同開発や輸出を進め、研究開発から量産、調達を一元的に担う機関の設置は、自民党防衛族や大手防衛企業が所属する経団連にとっても長年の夢でした。安全保障関連法を成立させ、海外での自衛隊活動を拡大させたい安倍政権の強い後押しもあり、防衛装備庁が誕生しました。

防衛装備庁の設置で、①装備政策を担う内部部局、②陸海空の各自衛隊の装備取得部門、③研究開発を担う技術研究本部、④契約実務を担う装備施設本部の4つが新たに統合されたことになります。これまで陸海空の各自衛隊は、個別に装備品を発注、取得してきましたが、防衛装備庁の発足で共通する部品などを一括して調達、運用することが可能になったのです。

防衛省は、2013年の中期防衛力整備計画で、2014年度からの5年で7000億円の削減を掲げていますが、目標達成のためにも防衛装備庁による装備品の効率的な取得や調達は、重要な課題の一つになっています。

防衛装備庁には、武器輸出など防衛産業政策の要を担う防衛装備庁装備政策部を設置。装備政策

■防衛装備庁組織図

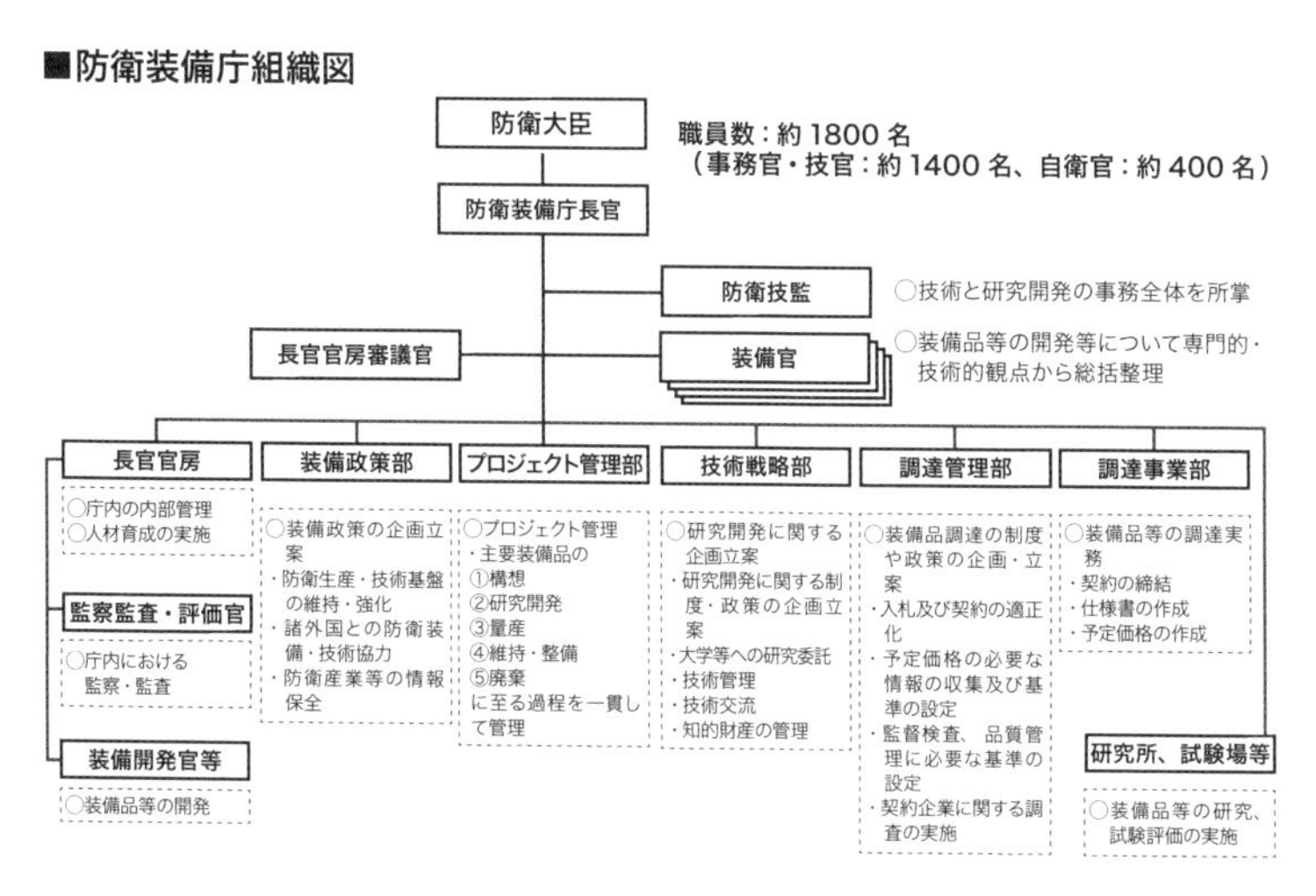

出典：防衛省

部の下に武器輸出の支援体制づくりを担う装備政策課と、海外との交渉を担う国際装備課が置かれました。国際装備課では4人だった担当者を20人に増やし、海外での日本の武器のニーズの掘り起こし、現地の情報収集などに従事させています。

一方、防衛装備庁はコスト削減の徹底のために、プロジェクト管理部を設置。管理部では、弾道弾迎撃ミサイル（SM—3ブロックⅡA）、無人偵察機（グローバルホーク）、新艦艇、多用途ヘリコプター（UH—X）、最新鋭ステルス戦闘機（F—35A）、将来戦闘機、地対空誘導弾（中SAM改）など主要な装備品12種を選び、研究開発や量産、維持整備、廃棄までのライフサイクルコストを算定、一元的に装備品の管理監督を行うプロジェクト・マネジャーを置きました。開発する武器が、予想費用を大幅に超過する場合は、事業中止も含め審査会議などで協議する方針を打ち出しています。

国際的な武器の共同開発の推進も防衛装備庁が重要視する政策の一つで、国際的にみても武器のハイテク化が進み、研究や開発でコスト上昇が続いています。たとえば、川崎重工が製造中の次期輸送機C―2は、開発費は当初予算から800億円も膨れあがり、2600億円になると言われています。

アメリカが主導する最新鋭のステルス戦闘機F―35Aも開発費が高騰し、退役までのコストは100兆円を超える（米政府監査院）と計算され、この結果を受けて、イギリスやオーストラリア、カナダなど9カ国が共同開発に参画し、開発資金を分担しあうことになりました。

■繰り返された不正や癒着

防衛省は、天下り先である防衛企業との関係で、長年にわたり不正や癒着を続けてきました。1998年には、旧防衛庁調達実施本部で、装備品納入をめぐり、天下り先との不正が発覚し、本部長と副本部長が逮捕され、2006年には、旧防衛施設庁で土木建築などの工事を職員の天下りの受け入れ実績に応じてゼネコンに配分し、受注させていたとして、防衛施設庁のナンバー3の技術審議官ら3人が逮捕されました。

2007年、防衛施設庁は廃止に追い込まれましたが、廃止の半年以上前から、防衛省首脳陣の間では、武器の研究開発や量産、調達などを一元的に担えるよう防衛施設庁の建設部を改編し「防衛装備庁」とする案が浮上していました。しかし、2007年11月、防衛省の取引先からゴルフ接待などを受けたとして守屋武昌前防衛事務次官らが逮捕、起訴されると、世論の批判が一気に高まり、防衛装備庁の設置案はいったん、お蔵入りになります。

「過去に調達不祥事などがあったので職員の一人ひとりが高い意識と強い責任感をもって職務に精励できる努力をしていきたい」。

渡辺新長官は、就任直後のあいさつでそう強調しましたが、不正防止のために防衛装備庁に設置されたのは、身内の職員25人を選任した「監察監査・評価官」だけです。職員の通報窓口を置き、２０１５年末、２０１６年11月には全職員に対し、倫理規範に関する数十問にわたる電子メールでの匿名調査を実施、企業との不適切な関係などの情報が寄せられた部署の幹部には対応を指示したと報告されています。今後も年に1回ほど匿名調査を実施したいとしています。

しかし、この匿名アンケート調査はすべて選択方式で、具体的な告発ができる自由回答欄はありません。２００６年から始まった公益通報者保護制度で、防衛省の窓口である「監察監査・評価官」には、昨年度は2件の不正とみられる告発が寄せられ、現在、調査中ですが、不正の告発を受けた際に、抜き打ち検査をしていくかなどは未定ということです。武器輸出などで海外を舞台に今後、起こりうる企業と職員との癒着や不正を突きとめるには、防衛装備庁内に外部の審査官を入れるなど、より厳しい監査、監視体制を整えることが不可欠です。

■2015年度の武器許可件数1854件

2016年8月に公表された「二〇一五年度　防衛装備の海外移転の許可状況に関する年次報告書」によると、迎撃ミサイルや将来潜水艦プログラム、空対空ミサイルの共同研究など、武器の共同開発・生産に関する移転が46件、PAC—2の部品など、米国のライセンス生産に関する部品などが10件、中国への遺棄化学兵器処理事業（22件）や、ソマリア沖やアデン湾の海賊対策（5件）、南スーダンでの国連平和維持活動（10件）など計1854件の武器輸出を許可しましたが、その海外活動での移転に関し、その詳細は公表されていません。

戦後、武器輸出三原則の下、官房長官談話で例外的に認められた武器輸出は21件でしたが、2015年度に許可された武器のうち、これまでの例外化と同じ枠組みで、許可された武器は65件にのぼりました。

個別の許可件数をみると「平和貢献・国際協力の積極的な推進に資する場合」（37件）、自衛隊を含む政府機関の活動、邦人の安全確保のために必要な海外移転（1703件）とされ、輸出国名の記載があるだけで、武器として何が輸出されたのかはまったく不明です。

国家安全保障会議（日本版NSC）では、イギリスのミサイル関連技術と日本の技術を組み合わせた空対空のミサイルの誘導能力向上をはかる共同研究の許可の可否が審査されましたが、その議論の過程は報告書に記載がなく、その理由も「安全保障に資するため」とあるだけでした。

武器輸出の第１号となったアメリカに輸出されたペトリオットＰＡＣ―２のミサイル部品である「シーカージャイロ」は、アメリカを経由して、紛争の続く中東のカタールに輸出される見通しでしたが、防衛装備庁幹部は「アメリカは適正に管理しているはずだ」と話すだけで、最終的な輸出国での使用状況などについて詳細に議論が行なわれた形跡はありません。

武器輸出での「厳格審査」の過程を情報公開する政府の姿勢は非常に消極的です。武器輸出を所管する経済産業省の安全保障貿易管理課は奥家敏和課長の意向で、報告書を発表した際の一度の記者対応以外は「守秘義務があり話せない」としており、武器輸出許可の内幕はまさに〝お上のみぞ知る〟話となっています。

現状の国家安全保障会議（日本版ＮＳＣ）の体制や法的な枠組みだけでは、武器輸出がどのような議論や審査を経て、許可されたのか否か、国民の監視がまったく行き届かない状況になっています。

■日米の差

日本がその制度をまねたアメリカの安全保障会議（ＮＳＣ）は約２００人の事務局メンバーを擁しています。ＮＳＣ専従のスタッフほか、民間からの登用者も多く、戦略決定のために必要な情報を供給する中央情報局（ＣＩＡ）も置かれています。時の政府や省庁の意向だけでなく、安全保障などに関する情報を基に、より多角的な見地から政策決定が行なえる組織になっています。

アメリカＮＳＣも１９４７年の設立当初は大統領、副大統領、国務長官、国防長官、陸海空軍の各長官をメンバーとしていましたが、軍の影響力を減らすため、１９４９年以降は、陸海空の各長官はメンバーから外されています。

一方、日本の国家安全保障会議の事務局である国家安全保障局は、防衛、外務、警察らを中心とした省庁の出向者が大多数で、外部の有識者は数人だけ。武器輸出の決定に際し、政府の意向と省益メカニズムだけで政策判断が行なわれる可能性があります。防衛省からは、現役の軍人である制服組の自衛官が入り、緊急事態での武力紛争では、制服組が主導して戦争遂行のための政策立案が行なわれる可能性が高まっています。ＮＳＣとセットでつくられた秘密保護法によって、ＮＳＣの政策決定のプロセスが覆われ、国民監視が行き届かないことが懸念されています。

■数々の武器輸出支援策

２０１４年12月、防衛省の武器輸出政策を話し合う有識者会合「防衛装備・技術移転等に係る諸課題に関する検討会」（政策研究大学院大学学長・白石隆座長）の第１回会合が、防衛省内で開催されました。メンバーには、森本敏元防衛大臣、防衛省顧問の齋藤隆氏、元防衛官僚で防衛技術協会の高岡力理事長、元経産官僚で日本防衛装備工業会の堤富男理事長ら、防衛省との関係が深いメンバーが並びました。

会合では「国が主体的に関与できる制度設計が必要だ」「日本の完成形の武器が海外で求められて

おり、期待を感じる」という、武器輸出に積極的な委員の声があがる一方「わが国への安全性はどうか」「武器輸出によって、国家リスクを負うことにならないか」など懸念の声も出ました。

検討会を指揮した防衛省装備政策課（現・防衛装備庁装備政策部）は「新三原則を打ち出しても、積極的に武器輸出に乗り出す日本企業はほとんどない。支援策を整え、企業が武器輸出に積極的になる環境を整えたい」と、今後の方向を示しました。検討会は、会合を重ねた後、２０１５年９月に防衛省に輸出支援策への提言を提出。現在、防衛装備庁はその提言を基に支援策の具体化の検討を進めています。

この検討会が防衛省に提案した武器輸出を後押しするための５つの具体的な支援策の中身をみてみましょう。

①日本企業向けの資金援助制度の創設

国の資金で設立した特殊法人などを通し、低利で企業に融資できるしくみ。財政投融資制度などを活用した企業向けの資金援助制度の創設で、国が出資して特殊法人や官民ファンドを設立。特殊法人などが債券を発行し、調達した資金や国が保有する株式などの配当金や売却益を財源に、輸出を行なう企業に長期で低利融資できるしくみです。財政投融資とは、国が財政政策の一環として行なう投資や融資で「第２の予算」とも言われています。国債の一種である財投債を国が発行し特殊法人など財投機関に資金を配分したり、財投機関が自ら財投機関債を発行し資金を調達、政策を実行したりします。かつては郵便貯金などの資金を旧大蔵省が運用、配分していましたが、２００１年の財投改革で廃止されています。

防衛省が武器輸出の枠組みとして想定する財政投融資は、国が保有する株式などの売却益を使って、特殊法人などを経由して、企業に資金を融資するしくみです。財投資金を武器輸出企業に貸し付けるには、防衛省が新たに特殊法人や官民ファンドをつくる必要があります。

財政投融資制度に詳しい専門家は「財投の特殊法人などは、現在でもよほどのガバナンスがないとしっかりした経営は難しい。官僚の新たな天下り先をつくることにもなる。財投で乱立している官民ファンドは官と民が混在し、モラルハザード（倫理観の欠如）が起きており、さらに問題。武器輸出企業だけの利益になるなら財投は使えないのではないか。本当に国民のためになるのか、チェックが必要だ」と指摘して「収益性のある事業なら、民間の金融機関がやることが望ましく、官民ファンドなどの設置は、民業圧迫にもつながりかねない」と批判しています。防衛駐在官の権益が大幅に拡大することで、外務省と防衛省の力関係にも変化が生じることが予想されます。武器輸出のための官民ファンドの設立は、官僚の天下り先確保だけでなく、現役の防衛官僚の出向先にもなり、ポストが増えるだけでなく、民間企業との癒着も起こりやすくなります。武器輸出政策に便乗した利権の拡大、官僚の優遇策とも言えるでしょう。

これまで、セレモニー的に各国大使館に置かれていた防衛駐在官も、武器輸出が認められたことで、武器市場のニーズを掘り起こし、輸出の調整役として、販売促進のための情報収集を求められるようになりました。

途上国や企業を支援する経済政策に防衛官僚が絡むようになれば、他の省庁と同様、堂々と天下りの口実を与え、企業や途上国に手心を加え、さじ加減をするなどの腐敗が生じやすい土壌が醸成されていく可能性があります。

②パッケージ販売のノウハウの整備

武器輸出を進めるには、武器だけの販売ではなく、定期的な武器の整備や補修、訓練支援なども含めた「パッケージ」として武器を輸出、販売していくことが必要です。

たとえば、海上自衛隊が使用している救難飛行艇（ＵＳ―２）は、以前からインドが強い関心を示していますが、日本側に補修や訓練などのパッケージ販売でのノウハウがないことなどが障害になって、インドへの武器輸出は実現していません。相手国の要望に応じ、退職した自衛官などを派遣、訓練や修繕・管理を行なう制度を整備することが検討されています。

③武器を購入する開発途上国などに対する援助制度の創設

武器輸出版ＯＤＡ。政府開発援助（ＯＤＡ）とは別の枠組みとする方針ですが、これは事実上の武器輸出版ＯＤＡで、有償の援助を軸に検討が進み、国が出資して特殊法人を新たに設立します。

この特殊法人が資金を調達し、武器購入に必要な資金を低利で相手国などに貸し出すしくみです。

④武器を日本政府が買い取り、途上国などに贈与する無償援助制度の創設

現在行なわれている、他国の軍などに自衛官を派遣し、人道支援や災害救援、不発弾処理などを訓練する防衛省の「能力構築支援制度」を拡充する案が有力視されています。国の一般会計事業として年数億円規模で実施されるこの事業の予算を大幅に増やし、贈与資金に充てるという考えです。

防衛省は、新興国に対し、中古の日本の武器を無償ないし、低価で提供できるよう特例法の制定を実現させました。国の財政法第9条では「国の財産は法律に基づく場合を除き、適正な対価なくして譲渡、貸し付けてはならない」と定めており、中古の装備品を無償、低価で譲渡する場合は、特別措置が行なえるよう特則を定める必要があります。防衛省は、2017年2月の通常国会に防衛省設置法等の一部を改正する法案を提出しました。自衛隊法に財政法9条の例外規定となる特則を加えて、新興国への安価や無償での武器の供与を可能にするものです。結局、民進党などの野党は反対したものの、5月26日の参議院本会議で可決成立しました。

防衛省は、これまで新興国への「能力構築支援事業」として、車両整備や地雷除去技術の教育、潜水・衛生医学や安全飛行などのセミナーなどを開いていますが、ASEAN諸国などからは、新三原則を受け、この事業と連動してヘルメットや防弾チョッキなど自衛官が身に着ける防衛装備品から、地雷除去機、車両整備機、潜水艦、哨戒機、装甲車などの中大型の武器に至るまで、自衛隊

が使った中古武器の供与や低価での販売を求める声が高まっていました。

日本は、過去の国連平和維持活動（ＰＫＯ）支援などでは、他国に重機や地雷探知機などの防衛装備を提供する際は、その都度、特別措置法を制定し、時期や対象を限定して、無制限に譲渡がされないよう歯止めをかけてきましたが、武器輸出支援策に関する防衛省の有識者による検討会の提案を受けて、特例法の制定が具体的に検討され、２０１７年2月の衆議院本会議で、防衛省設置法等の一部を改正する法案として国会に提出されたという経緯があります。

途上国の開発支援の予算は年間８０００億円ほどですが、政府は２０１５年2月10日、ＯＤＡの原則を定めた大綱を改定し、新たな開発協力大綱では、「実質的意義に着目」するとして、災害援助など非軍事目的なら他国軍への支援を容認するとしました。

しかし、外務省は「軍事目的の援助は、従来と同様に禁止している」とし、防衛省の検討会提案には「『国際紛争を助長しない』とするＯＤＡの原則からして、殺傷能力のある武器にＯＤＡを使うことは考えられない」と批判しています。これに対して防衛省は「ＯＤＡの枠外で、防衛省として新たに途上国に武器購入の資金援助を行なう枠組みを考えたい」としています。

⑤貿易保険の適用のしくみ

検討会では、武器輸出に際し、新幹線などのインフラ整備や原発輸出など民間の保険では引き受けられないようなリスクの高い保険をカバーするために用いられている、独立行政法人「日本貿易保険（ＮＥＸＩ）」が実施する貿易保険を、武器輸出の際にも適用することが検討されました。そして、武器輸出の第1号案件として日本貿易保険の適用が具体的に検討されていたのが、オーストラリアでの潜水艦建造事業でしたが、２０１６年4月、日本はフランス企業に敗れ、潜水艦の建造事業から脱落しています。

日本貿易保険はこれまで輸出、海外投資、資金調達の3分野で、日本企業の海外進出を後押ししてきました。台湾の新幹線プロジェクト（保険価額４７００億円）や、ドバイの軽量鉄道プロジェクト（同１５００億円）など、インフラや資源など、国の政策的重要度が高く1件あたり数千億円以上のプロジェクトが多いのが特徴です。

戦争や内乱などで投資先が事業継続できない、輸出代金の回収ができない、融資の返済が受けられないなど、企業が海外取引で巨額な損失を抱えた際に保険を支払ってきました。保険金支払いのため資金を超える支払い請求があっても、国の特別会計を使って請求に応じられる体制を整えています。

２０１７年4月から施行された「改正貿易保険法」では、海外事業を行なえるよう、国内事業者への融資を保険の対象にするなど、貿易保険の機能が強化されました。新法では、戦争や内乱などで日本貿易保険の損失が巨額になり、損失額が現在の支払い財源1・4兆円を超える場合は、政府が責任を負い、必要な財政上の措置を講じるとしています。武器輸出が貿易保険に適用されれば、武器輸出で生じた巨額な損失には、国民の税金が投入される可能性があります。貿易保険の武器への適用は、国策としての武器輸出の推奨です。武器企業の抱えた損失を国民が負担する必要が本当にあるのか、議論する必要があります。

■国際協力銀行（JBIC）も融資検討

政府の武器輸出容認の政策転換を受け、政府系金融機関の国際協力銀行（JBIC）も武器輸出への融資や出資を本格的に検討し始めました。国際協力銀行は、これまで武器輸出禁止三原則に対応し、武器への融資・出資を原則認めてきませんでしたが、新三原則を受けこれまでの方針の見直しを始めています。

検討会では、オーストラリアの潜水艦事業を日本が受注した場合、国際協力銀行の融資スキームを活用し、オーストラリアの金融機関や、輸入者に低利で融資をし、現地に設立する合弁会社（JV）などに、融資や出資を行なえるようにすることなども検討されました。国際協力銀行による潜水艦の建造事業での融資が実現していれば、日本の銀行が武器輸出に支援を行なう初めてのケースとなった可能性があります。

■買収規制も武器輸出容認に見直し

武器輸出のために政府は、海外の武器製造企業の買収規制についても、関連法の運用指針を現在の「厳に抑制」から「状況に応じ適切に判断する」などと変更する方針です。法律の改正は行なわず、解釈を変えることで、現在の原則禁止の規制を改める方針です。

武器を製造する海外企業に日本企業が出資や買収をする場合、外為法などに基づき、政府への事前届け出が必要です。届け出を受けた政府は審査の過程で「国際的な平和、安全を損なう」と判断すれば、計画の変更や中止を勧告できます。

政府がこうした法律を運用する際、指針としていたのが、1977年の福田赳夫首相（当時）の国会答弁です。77年に福田総理は「海外投資をする際は、武器輸出禁止三原則の考え方にのっとり、投資先の合弁企業が武器生産をするという目的であれば許可しない」「投資先の合弁企業が、わが国の武器輸出禁止三原則の方針に反する行動をとった場合、投資する親会社を通じて、武器生産をやめるよう影響力を及ぼす」「武器輸出禁止三原則にもとる投資は厳にこれを抑制する」とし、武器の製造生産に関わる投資を厳しく抑制する姿勢を打ち出しています。この政府答弁を政府は従来の武器輸出禁止三原則の下で「三原則に準ずるもの」として堅持してきました。

しかし、防衛省の検討会で、参加した防衛企業から「武器輸出をするために、武器製造のための合弁会社を海外に設立する場合、『武器製造に関わる投資は抑制する』という従来の政府方針に反することになる。見直しを検討してほしい」との意見が出ました。

このため防衛省も「武器輸出を進めるには現地企業との資本提携は不可欠。これを阻む従来方針の変更は必須だ」と判断。今後、安全保障会議での議論を経て、従来の「厳に抑制する」から「状況に応じ適切に判断する」などと変更することを検討しています。

武器の技術や武器を製造する関連設備の輸出や軍事施設の建設に対しても１９７６年、河本敏夫通商産業相（当時）は「武器技術の輸出は、武器輸出三原則に照らして処理する」と答弁。１９８１年、斉藤滋与史建設相（当時）は、軍事施設の建設について「武器輸出三原則などに沿って対処する」、１９７６年には、三木武夫首相（当時）が武器を製造する関連設備の輸出についても「武器に準じて取り扱う」とし、いずれも原則禁止としてきました。しかし、外為法などで規制しているこれらの指針についても、政府は新三原則に合わせて見直します。

戦後、憲法９条の下、軍需でなく民需を中心に発展した多くの日本企業は、武器輸出への関心は皆無でした。しかし現在、政府は武器輸出推進にかじを切り、数々の防衛企業への輸出支援策を整えようとしています。戦争に加担しない平和な国造りを目指した日本の多くの企業が、いま戦争のできる国に合わせて変質を迫られつつあります。

4 新ODA大綱の下で、軍事支援ができるようになった

高橋清貴（恵泉女学園大学教授）

■新三原則がODAを対象にする

2015年2月、日本のODA政策の根幹を規定する政策文書、ODA大綱が12年ぶりに見直され、名称も「開発協力大綱」となりました。外務省は見直しの背景を次のように説明しています。

「ODA60周年を迎えた今、日本及び国際社会は大きな転換期にある。この新たな時代に、我が国は、平和国家としての歩みを引き続き堅持しつつ、国際協調主義に基づく積極的平和主義の立場から、国際社会の平和と安定及び繁栄の確保に一層積極的に貢献する国家として国際社会を力強く主導していかなくてはならない。また、国際社会が直面する課題の解決のために開発途上国と協働する対等なパートナーとしての役割を更に強化すべく、日本のODAは更なる進化を遂げるべき時を迎えている。（中略）以上の認識に基づき、平成25年12月17日に閣議決定された国家安全保障戦略も踏まえつつ、次のとおり、ODA大綱を改定し、開発協力大綱を定めることとする。

なお、ここで言う『開発協力』とは、『開発途上地域の開発を主たる目的とする政府及び政府関係機関による国際協力活動』を指すものとする。また、狭義の『開発』のみならず、平和構築やガバナンス、基本的人権の推進、人道支援等も含め、『開発』を広くとらえることとする」。

開発協力大綱の特徴は、大学やＮＧＯ、企業や軍など多様なアクターが開発協力に参加することを想定して、各アクターの連携協力を促し、「シームレス」（継ぎ目のないこと）でつなぐことを意図していることにあります。

この新大綱に対し、国際ＮＧＯが懸念を表明しているのは、政府が多様な分野を「シームレス」につなげて扱うことで、不透明で責任の所在が曖昧な「グレーゾーン」が生まれ、その「グレーゾーン」に政府が介入し、恣意的にコントロールできる権限が拡大するという事態が起こることです。

とりわけ、安倍首相が掲げる「積極的平和主義」や「国家安全保障戦略」を踏まえれば、自衛隊が新しいＯＤＡの枠組みの中で積極的に活用されることになり、その活動も「開発途上地域の開発を主たる目的とする政府及び関係機関による国際協力活動」と見なされることで、ＯＤＡと自衛隊活動が不可分一体で展開される分野が拡大するのです。

■軍（自衛隊）とＯＤＡの関係

政府が新しい大綱で軍への支援を行なえるようにしたのには、次の３つのねらいが考えられます。

①「テロ対策」や「平和構築」といった名目で軍隊の派遣や民軍連携といった活動に日本も参加する。

途上国の開発課題が複雑化、多様化する中で、さまざま課題に対し、多様な解決方法を組み合わせて、より包括的かつ長期的な視点に立った取り組みで問題解決を図ろうとするアプローチに注目が集まっています。とりわけ開発途上地域では、貧困、環境、紛争という3つの大きな問題が折り重なって人びとから安全と安心を奪っているため、その解決がより難しくなっています。

こうした治安の悪い状況を導いた要因の1つが、当該国政府や地域の統治のしくみや制度（ガバナンス）が破綻し信頼が失われていることにあるのですが、その一方で、「テロ対策」や「平和構築」といった名目での軍隊の派遣など軍事的活動も期待されるようになってきました。日本政府もそこに加わりたいと考えています。しかし、一国・一地域のガバナンスや治安問題は、近隣諸国や国際社会との複雑な歴史的経緯や安全保障環境などじつに多様な要素が絡んでおり、容易に解決できるものではありません。

②支援に必要なリソース（資金、人、知恵など）を集約する。

途上国に流れ込む資金は、民間資金が急増し、現在ではＯＤＡが占める割合は、全体で3割程度に減少しています。このため民間企業の力を借りる「官民連携」によって支援額を増やそうとすることは妥当な判断と考えられる一方で、その本当のねらいは、日本の民間企業の海外進出を後押しする「為にする援助」に転換しようとすることに他なりません。新大綱への改定とその直前に武器輸出三原則を撤廃したことで、日本もＯＤＡの枠内で武器を贈れることになりましたが、それをどんな修飾語で飾り立てても日本経済のためにＯＤＡで武器輸出しているという疑問は払拭できません。

③支援と外交戦略を一体化する。

大綱が掲げる「外交戦略」とは、アメリカが行なっている「対テロ戦争」を意識していることは言うまでもありません。また「対テロ戦争」と言うことで、世界のあらゆる地域を「犠牲者」がいる地域とすることができ、ＯＤＡの対象とすることが可能になります。つまり、ＯＤＡを通じてアメリカの「対テロ戦争」に積極的に協力しているという姿勢を国内外に示すことができるのです。

安倍首相が、２０１５年1月、カイロで中東政策について演説した際、ＩＳに対抗する意味を込めて「人道支援」という言葉を使ったことは記憶に新しいところです。今後は、ＯＤＡの「平和構築」や「人道支援」という修飾語で飾り立てて行なわれることが増えるでしょう。しかし、気をつけたいのは、政府が行なう「人道支援」は両刃の剣になりかねないことです。仮に人道目的であったにしても、一方の側に偏った支援をすれば、そこに政治的メッセージが付随することになり、その結果、紛争を助長することにもなりかねないからです。このことは、援助関係者であれば誰もが知っている常識です。ましてや、実施主体である政府や自衛隊には、より一層の自重が求められるべきです。

切れ目のない援助、「シームレス」な援助と言えば聞こえは良いかもしれませんが、軍が行なう援助が「日本の外交戦略」「日本の安全保障のため」という大義名分で、地域の実情を考慮することなく実施されていけば、開発途上地域の人びとに安心と安全を提供するという援助の本来の目的から乖離していきます。こうした援助は格差を拡大しガバナンスの悪化を招くことで国を不安定にさせ、テロリストの温床となったりすることで国際的な安全保障環境を悪化させることにもなりかねません。そうなれば、米国と共に国際社会に不安全な種を作り出す元凶の国として日本が認識されることにもなりかねません。

こうした事態を避けるために以前のＯＤＡ大綱には、ＯＤＡを平和や人権、民主化、環境などを促進するように強く方向付け、間接的でもテロや治安悪化を招かないように守るべき基準・制約としての「原則」がうたわれていました。

しかし、新大綱では「原則」という項目は残ったものの、支援分野やアクターが多様化したことで、実質的には有効な効果を発揮しないだろうと懸念されています。

たとえば、日本は、２００６年にインドネシアに海賊対策の名目で巡視船艇（鋼板が厚いことから「武器」と認定されている）をＯＤＡで支援しました。しかし、その活用状況については相手国政府からの情報だけしかなく、客観的な評価を行うことができず、実態の詳細も明らかにされていません。日本政府の責任として、あるいは納税者への説明責任の観点からも、国際協力機構（ＪＩＣＡ＝ＯＤＡの実施を担当する文民機関）が独自に、あるいは必要に応じて第三者も含めて活用状況をモニタリングするべきですが、現実的に不可能です。実際のオペレーションはインドネシア海軍と連動しているため、軍事機密の壁に阻まれて必要な情報を得られない可能性があるからです。

仮に政府間で共有されても日本国民にその実態が公表されることはほとんどないでしょう。また、国際情勢がますます複雑化していく状況の中で、とりわけアジアやアフリカの開発途上地域で行なわれる軍による援助が地域のパワーバランスを崩す悪影響を与える危険性もあり、地域でくすぶっている紛争に火をつけ、油を注ぐことにもなりかねません。

■国際NGOによる7つの検証結果

こうした考察の下、2014年5月、日本国際ボランティアセンター、ODA改革ネットワーク、関西NGO協議会、名古屋NGOセンターなどの国際NGOはODA大綱見直しにあたって、以下の提言を行ない、現場経験に基づく7つの検証結果を公表しました。

「ODA大綱4原則は、非軍事的手段を通じた国際社会の平和共存という日本の理念をその運用を通して具現化するものであるだけでなく、国際的援助コミュニティが広く共有し、維持してきた原則や国連憲章の平和と人権尊重の価値とも共通するものを含んでいます。また、ODA大綱4原則は『非軍事主義』的理念を表現しつつ、具体的な援助実施に際してのコンディショナリティ（発展途上国がIMFに救済融資を仰ぐとき、IMFがその国に課す条件）的な性格を持つという特徴があり、これによって政府がODAを慎重に運用することで日本の平和理念を国際社会に浸透させてきたものです。私たちは、ODAという『非軍事的手段』を通して地球規模の諸問題の解決に貢献し、弱者の安全が脅かされることのない『人間の安全保障』を確実にするためにも、現行の4原則を堅持し、貧困削減というODA本来の役割をしっかりと果たしていくべきであると考えます。（中略）もし、今回のODA大綱見直しによって、この4原則、特に『軍事的用途への使用の回避』や『軍事支出や武器開発・製造などの動向への注意』が緩和されることになれば、『武器援助』や軍事的用途との境界があいまいなODAが増加することは必至であり、これまで日本の政府や市民社会が国内外で積み上げてきた平和理念を広める努力を水泡に帰させる恐れがあります。国際平和実現に向けて多様な主体との『連携』は重要ですが、逆に『連携』によって平和理念を崩すことのないようにするためにも明確な原則が不可欠です。これらの理由から、私たちはODAを軍事的活動への活用を可能にする大綱4原則の緩和に反対し、現行の原則の堅持を求めます」。

現場経験に基づいた7つの検証結果は次のようなものです。

①平和主義理念という「国民」の財産を失う
②武器市場の拡大と紛争助長に貢献する
③一方的な公権力強化による人権侵害の蓋然（がいぜん）性を高める
④ODAの事業評価やPDCAサイクルが形骸化する
⑤問題の根本的原因への取り組みが疎（おろそ）かになる
⑥国際協調主義を後退させる

⑦援助と軍事との境界があいまいになり人道的支援が困難になる

■武器管理の流れに逆行する日本

ＯＤＡによる「武器」の援助は、武器輸出を助長し、武器市場拡大を推し進めます。民生用に開発された技術の軍事利用が進む中で、国際社会からは日本企業の高度技術への関心が高まっていますが、幸い多くの日本の企業は、平和への貢献を企業理念として重視し、自社技術の軍事転用を「リスク」と捉えて自重しています。

もし、ＯＤＡによる「武器援助」が一般化すれば、そうした企業の平和意識を希薄にし、技術の軍事転用の拡大、国際的武器市場の拡大に日本企業を邁進（まいしん）させることにもなりかねません。実際、大企業が名を連ねる経団連からは武器輸出を歓迎する声明が出されています。

その一方で、国際社会は拡大する武器市場と武器拡散に対し、適正に管理・規制する国際的なしくみ（メカニズム）の整備の必要性が検討されています。たとえば、２０１５年９月、国連総会でミレニアム開発目標（ＭＤＧｓ）を引き継いで成立した新たな国際合意である「持続可能な開発目標」（ＳＤＧｓ）では、貧困・格差、環境、そして紛争が重層的に開発途上地域のみならず先進国にものしかかってきている事実を重くみて、環境と人権、紛争を意識した新しい目標を「ゴール16」として加えています。

90年代にアフリカで地域紛争が拡大した背景には、冷戦下で米ロを中心とする先進諸国が武器市場を拡大させました。ガバナンスの悪さと不十分な管理のために武器、とりわけ小型武器が中古市場や闇市場を通して開発途上地域や紛争国に流れ、それが紛争を助長させたのです。その反論の下、武器生産や輸出に深く関わっている先進諸国は厳しい武器の管理責任を問われているのです。

政府の透明性を測る指標として「腐敗認識指数」(トランスペアレンシー・インターナショナルが作成)があります。これは、各国の公務員や政治家などが賄賂などの不正行為に応じるかどうか、公的部門と民間との関係における腐敗度を数値化してランキングしたもので、もっとも信頼性が高いものとして世界的に知られている指標です。この指標(CPI)によれば、2016年の日本は100満点中72点(20位)と比較的高い評価を受けていますが、前年度(18位)から2ランク順位を落としています。トランスペアレンシー・ジャパンによれば、日本は世界181カ国が締結している腐敗対策の国際条約「国連腐敗条約」を締結しておらず、ビジネスや援助などで関係を持つ諸外国にCPIが高い国が数多くあるにも関わらず、そうした国々に対する対応が甘く、賄賂防止策を講じる必要があると指摘されています。

また、OECD(経済協力開発機構)による「国際商取引における外国公務員に対する贈賄の防止に関する条約」があり、日本も批准していますが、条約の履行状況の定期審査(日本は2002年、05年、11年の3回)の最新審査(2011年)では「ある程度の進展は見られるものの、日本における外国公務員贈賄防止法の執行状況には依然として重大な懸念が残る」との厳しい評価を受けています。

「武器援助」や治安対策支援は、相手国の公権力の一方的な強化につながるものです。法整備など個人保護や民主的なガバナンスの弱い国では、個人に対する暴力的抑圧や人権侵害を助長する恐れがあります。また、紛争当事国や「テロとの戦い」に基づく軍事作戦を遂行している国、軍事政権国家に武器援助がされた場合、支援した武器が住民の弾圧や人権侵害に使われる恐れがあります。

具体例を挙げれば、２０１４年、安倍首相はモザンビークに７００億円の援助を約束しました。確かにアフリカは日本にとっての新たな市場であり、食料や鉱物資源の供給場所と位置づけられるのかもしれませんが、同国のガバナンスは健在ではなく、その問題性を甘く見積もっているように思えます。

ここ数年、モザンビークでは大規模農業開発と土地収奪を巡って政権与党と野党との間で緊張が高まり、小規模の武力衝突が起こっています。その結果、難民の発生、ジャーナリストや学者などの暗殺などが頻発しているのです。そればかりではありません。国営企業による10億ドル超の債務の報告漏れが発覚し、ＩＭＦなどが融資凍結の判断をしているという事態も起こっています。にもかかわらず、２０１６年5月1日段階で、日本政府はモザンビーク政府に対しても国際社会に対しても何らの警告シグナルも発していません。

なぜ、日本政府はモザンビーク政府に対して何の警告も行なわないのか本当の理由はわかりません。日本政府は自国への経済的メリットを優先させ、外交関係を重視するあまり、援助の基本原則ともいうべき「Do No Harm」原則（相手のために行動を起こし、何があっても最低限、相手を傷つけないこと）や社会環境への配慮を軽視しているようにしか見えず、国際協調による平和づくりへの一貫性を欠いていると言わざるを得ません。これでは「積極的平和主義」の実を示すこともできないでしょう。

■紛争を助長しかねない日本

これまで見てきたように、ＯＤＡによる武器援助は、間接的に国際紛争の助長に貢献するものです。「対テロ対策」の対症療法的な取り組みを優先させて、限られた予算を軍事的なものに優先的に配分すれば、貧困削減など紛争の構造的要因や根本的原因への対応が後回しになることも心配されます。日本は２０１３年度ＯＤＡでソマリア沖海賊対策としてジブチに「武器」と認定される巡視船艇を無償資金協力事業で贈与しましたが、この時も「開発協力適正会議」の席上、多数の委員から旧ＯＤＡ大綱の「原則」に言及しながら、ソマリア漁民の貧困問題など根本的な問題をないがしろにすることを懸念する意見が出されました。

本来、援助は中長期的な観点から受け取り国の開発計画を支えるものであり、予防的観点から将来の状況に対する予測性を重視して、長期的観点から行うものです。50億ドルを投じた「イラク復興」の事例を持ち出すまでもなく、限られたＯＤＡ資源を短期的な対応策や政治や外交目的を優先させて適切な配分を歪(ゆが)めるべきではありません。

援助とは本質的に相手国への「介入」に他なりません。その意味で「武器援助」は相手国の主権に軍事的に介入することであるとも言えます。2006年、ベトナムへの巡視船艇供与を検討していた日本政府は、同国の海上保安庁を海軍から切り離すように交渉しました。「武器」を送るためには、対象が軍であってはならないからです。こうした行為もODAをツールに相手国の主権にソフトに干渉していることに他ならず、受け入れは住民や周辺国の反発を招くことにもなりかねません。ましてや、それが軍事的な援助となれば、政治的問題に直結しかねません。そして、事態が政治的になればなるほど、その対応は「国家安全保障会議」などより高い政治レベルの判断にゆだねられることになります。結果として、為政者の権限が拡大し、案件は現場のニーズからかけ離れていくことになります。

■海外派遣や武器輸出の前にすべきこと

ODAをより柔軟に活用できるようにしたい、というのが外務省によるODA大綱改定の表向きの理由でした。しかし「より柔軟に活用する」とのことばの主語は誰なのか、ということは問わなければなりません。援助の恩恵を受けるべき人びとは、第一に開発途上地域の住民であるべきで、彼らを恐怖と欠乏から自由にすることが援助の本来の目的でしょう。日本政府が標榜する「人間の安全保障」にも適うものです。援助は、そうしたビジョンの下での「一貫性」の確保が重要ではないでしょうか。

しかし、新ＯＤＡ大綱の下で、ＯＤＡは軍事支援ができるようになったことで、一貫性が失われ、為政者による恣意的運用を可能にするようになってしまいました。あるシンポジウムで同席した防衛研究所の研究員は、この「ＯＤＡの軍事化」を捉えて「日本の平和構築議論は周回遅れである」と評しましたが、正鵠を得た発言です（国際開発学会主催シンポジウム、２０１４年７月）。

平和憲法を持つ日本ならばＯＤＡ大綱を変えて、ＯＤＡで武器輸出ができるように急ぐよりも、小型武器などに関して考え方を異にする国々を説得して、武器貿易条約（ＡＴＴ）の実効性を高めることに力を注ぐべきではないでしょうか。現代紛争の特質を踏まえれば、国際平和を脅かす根本的課題に取り組むことの方が、自衛隊の海外派遣を急いだり武器輸出を進めるよりも、はるかに効果的で日本らしい国際貢献のあり方のように思います。

第2部　世界の武器輸出入と武器ビジネスのしくみ

5 アジア地域で急拡大する武器取引

田巻一彦（ピースデポ）

■世界の武器取引に関する報告書

ストックホルム国際平和研究所（以下〝ＳＩＰＲＩ〟）は、世界の武器移転に関する報告書『２０１６年版　国際的武器移転の傾向』（２０１７年２月）で、２０１２年～16年の５年間の武器取引（表１、２参照）の特徴を２００７年～11年の５年間と比較して次のように述べています。

出典：「２０１６年版　国際的武器移転の傾向」（SIPRI）
https://www.sipri.org/sites/default/files/Trends-in-international-arms-transfers-2016.pdf

①世界全体の武器取引の総額は、２００７年～11年に比べて８・４％増加し、５年間の輸出額としては１９９０年以降最高の水準に達した。

②輸入額の43％はアジア・オセアニア諸国によって占められた。これらの国々の輸入額は２０１１～15年比で7・7％増であった。

②アジア諸国で世界の輸入額上位40位に入っているのは次の国々である。（　）は世界全体の輸入額に占める割合、順位）：

インド（13％、1位）、中国（4・5％、4位）、パキスタン（3・2％、9位）、ベトナム（3・0％、10位）、韓国（2・5％、13位）、台湾（2・0％、15位）、シンガポール（1・8％、16位）、バングラデシュ（1・5％、18位）、日本（1・1％、26位）、ミャンマー（0・9％、31位）、タイ（0・9％、32位）。

③アジア諸国で輸入増が特に著しいのは次の国々である。（　）は、２００７年～11年に対する２０１２年～16年の伸び率：

ベトナム（２０２％）、台湾（６４７％）、バングラデシュ（６８１％）、タイ（２１２％）

③中東諸国の輸入増が顕著で、２０１２年～16年の輸出額は07年～11年から86％増。サウジアラビアは同期間で２１２％増、アラブ首長国連邦が63％増、カタール２４５％増、エジプト69％増といずれも大幅に増加している。

④世界最大の武器輸出国は米国で、取引総額の33％を占めている（２００７年～11年に比べて21％増）。ついでロシアが23％（同じく4・7％増）。フランスは微減、ドイツは36％減である。

⑤その他

ＳＩＰＲＩ報告書は、他に注目するべき武器輸入の特徴として以下の地域を挙げています。

＊アフリカ諸国の輸入額は６・６％減少した。
＊欧州諸国の輸入額は36％減少した。

アジア・オセアニア地域での武器取引の特徴は以下のようにまとめることができます（以下数字は前記「ＳＩＰＲＩ報告書」から）。

■増加するアジアへの輸出

武器は、大国から同盟国や紛争もしくは紛争の危険を抱える友好国へと流れます。武器の流れはたんに大国の武器ビジネスを潤すだけでなく、相手国と大国が共通した仕様の武器を持つことによって、相手国へ

■表１　武器輸出額上位20カ国と主な輸出先（2012-16年）

順位	国名	シェア（%）	主な輸出先（内訳%）		
			1位	2位	3位
1	米国	33	サウジアラビア(13)	アラブ首長国連邦(8.7)	トルコ(6.3)
2	ロシア	23	インド(38)	ベトナム(11)	中国(11)
3	中国	6.2	パキスタン(35)	バングラデシュ(18)	ミャンマー(10)
4	フランス	6.0	エジプト(19)	中国(11)	アラブ首長国連邦(9.1)
5	ドイツ	5.6	韓国(13)	ギリシャ(12)	米国(9.7)
6	英国	4.6	サウジアラビア(48)	インド(11)	インドネシア(9.0)
7	スペイン	2.8	オーストラリア(27)	サウジアラビア(12)	トルコ(11)
8	イタリア	2.7	トルコ(14)	アラブ首長国連邦(11)	アルジェリア(8.0)
9	ウクライナ	2.6	中国(28)	ロシア(17)	タイ(8.5)
10	イスラエル	2.3	インド(41)	アゼルバイジャン(13)	米国(5.9)
11	オランダ	1.9	ヨルダン(14)	モロッコ(11)	米国(11)
12	スウェーデン	1.2	タイ(14)	アラブ首長国連邦(13)	サウジアラビア(10)
13	韓国	1.0	イラク(30)	トルコ(27)	インドネシア(23)
14	スイス	1.0	サウジアラビア(20)	中国(19)	米国(16)
15	カナダ	0.9	米国(20)	サウジアラビア(18)	リビア(10)
16	トルコ	0.7	トルクメニスタン(29)	アラブ首長国連邦(20)	サウジアラビア(20)
17	ノルウェー	0.6	米国(29)	フィンランド(27)	ポーランド(15)
18	ベラルーシ	0.4	チャイナ(27)	ベトナム(24)	スーダン(18)
19	南アフリカ	0.3	エクアドル(16)	インド(13)	アラブ首長国連邦(13)
20	オーストラリア	0.3	米国(52)	インドネシア(21)	オマーン(10)

の軍事的影響力、ひいては政治的影響力を強化するという大きな戦略的な意味も持っています。

２０１２年～16年にアジア・オセアニア諸国に輸入された武器額が世界の43％を占めることは先に述べたとおりです。そのうち南アジアが43％、東北アジアが24％、東南アジアが22％、オセアニアが7・9％、中央アジアが3・3％を占めています。以下、主要な地域・国家の概要を述べます。

■東アジア

冷戦の遺産である分断国家（南北朝鮮）が存在するだけでなく、新しい核保有国（北朝鮮）が出現しようとしているなど、軍事的緊張状態があり、「武器輸入」のもっともホットな現場です。北朝鮮は国連制裁決議

■表2　武器輸入額上位20カ国と主な輸入元（2012-16年）

順位	国名	シェア（%）	主な輸入元（内訳%）		
			1位	2位	3位
1	インド	13	ロシア (68)	米国 (14)	イスラエル (7.2)
2	サウジアラビア	8.2	米国 (52)	英国 (27)	スペイン (4.2)
3	アラブ首長国連邦	4.6	米国 (62)	フランス (12)	イタリア (6.5)
4	中国	4.5	ロシア (57)	ウクライナ (16)	フランス (15)
5	アルジェリア	3.7	ロシア (60)	中国 (15)	ドイツ (12)
6	トルコ	3.3	米国 (63)	イタリア (12)	スペイン (9.3)
7	オーストラリア	3.3	米国 (60)	スペイン (23)	フランス (8.2)
8	イラク	3.2	米国 (56)	ロシア (23)	韓国 (9.3)
9	パキスタン	3.2	中国 (68)	米国 (16)	イタリア (3.8)
10	ベトナム	3.0	ロシア (88)	ベラルーシ (3.5)	ウクライナ (2.8)
11	エジプト	3.0	米国 (40)	フランス (40)	ドイツ (6.0)
12	米国	2.5	ドイツ (21)	英国 (12)	フランス (9.4)
13	韓国	2.5	米国 (60)	ドイツ (30)	イスラエル (5.2)
14	インドネシア	2.1	英国 (20)	米国 (15)	ロシア (14)
15	台湾	2.0	米国 (99.8)	ドイツ (0.1)	イタリア (0.1)
16	シンガポール	1.8	米国 (74)	イタリア (5.7)	スウェーデン (4.9)
17	ベネズエラ	1.6	ロシア (74)	中国 (18)	ウクライナ (2.8)
18	バングラデシュ	1.5	中国 (73)	ロシア (13)	米国 (5.2)
19	イスラエル	1.4	米国 (52)	ドイツ (36)	イタリア (12.4)
20	英国	1.4	米国 (77)	フランス (7.1)	イスラエル (6.6)

によって武器等の輸出入が禁止されているため「武器」という形での貿易はないことになっていますが、禁輸違反が疑われる武器や部品の輸出入がしばしば指摘されています（北朝鮮の実態は不透明な部分が多いのでＳＩＰＲＩも数値的分析を行なっていません）。

●中国

中国は武器輸出国としての側面と輸入国としての両面を持っています。

〈輸出国として〉

２００７～11年に比べて２０１２年～16年の武器輸出は74％増加しています。世界における輸出シェアも３・８％から６・２％に増加。輸出先は39カ国にのぼる。輸出額の71％がアジア、オセアニアの国々です。中国の武器輸出の成長率はきわだったもので、アジア・オセアニア地域においては、２００７年～11年に比べて２０１２年～16年には１２２％増加しています。

主な輸出先はパキスタン（35％）、バングラデシュ（18％）、ミャンマー（10％）、以下マレーシア、タイと続きます。

〈輸入国として〉

このような武器輸出国でありながら中国は、金額は減少の傾向にあるとはいえ、武器輸入も継続しています。武器の自国生産能力の向上に伴い、輸入額は２００７年～11年と２０１２年～16年を比べると、約11％減少しています。

２０００年初頭、中国は最大の武器輸入国でしたが、２０１１年～15年では第3位に後退しました。しかし、大型輸送機、ヘリコプター、航空機・車両・船舶用のエンジンなどにおいては、自給能力が追いつかず輸入に大きく依存しており、２０１２年～16年の輸入額の多くもこれらの品目で占められています。

中国に対する最大の武器供給国はロシア（57％）で、ウクライナ（16％）、フランス（15％）が続きます。中国は最近（２０１５年）ロシアとの間で、対空防衛システムと戦闘用航空機24機の輸入契約を結んでいます。

●日本

日本の武器輸入額は世界第26位。輸入元は圧倒的に米国です。航空機、ミサイル、弾薬、軍艦、センサーなどあらゆる分野に及びます。日本が導入・拡充を進めている主要装備には、弾道ミサイル迎撃用のスタンダードミサイル（ＳＭ―３）、ペトリオットミサイル（ＰＡＣ―３）、最新鋭イージスシステム搭載護衛艦、などが含まれています。これらはみなミサイル防衛用の装備です。

一方、日本が「島嶼（とうしょ）防衛」の目的で導入を開始しているオスプレイ（垂直離着陸輸送機Ｖ―22）、Ｆ―35戦闘機、空中給油機、無人偵察機「グローバルホーク」、新型早期警戒機なども多くは米国からの輸入、もしくはライセンス生産で調達されています。

北朝鮮の核とミサイルの動向は、米国の軍需産業にビジネスチャンスをもたらすと同時に、日米共同の軍事技術開発・研究を促し、米国の主導権をさらに増大させています。２０１７年春、北朝鮮のミサイル発射をめぐる緊張が高まる中で、日本政府部内では、北朝鮮のミサイル基地に対する攻撃能力を持つべきだという議論が頭をもたげました（このような装備を持つことは憲法に違反することは明らかです）。仮にこのための武器である、巡航ミサイル・トマホークなどを導入しようとするなら、米国からの武器輸入額は大幅に跳ね上がることになるでしょう。

●韓国

韓国は日本を上回る武器輸入大国で、２０１２年～16年の輸入額世界ランキングの13位です。軍事予算の総額は日本の2分の1余りですが、陸上兵力と航空兵力の規模は日本を超えます。その一方、先端軍需産業が未成熟なため、いきおい装備面では米国からの輸入に依存しなければならないという事情が、武器輸入額の多さに表れています。航空機、エンジン、海軍装備、艦船のすべての分野で輸入に依存しています。輸入元が圧倒的に米国であることは日本と同様です。

■東南アジア

●ベトナム

日本や韓国という伝統的な米国の同盟国と別に、アジアで武器輸入を劇的に増加させていることで注目されています。２００２年～06年では世界で43位だった輸入額は２００７～11年には６９９％も増加、２０１２年～16年にはさらに２０２％の増加と驚異的な伸び率を示しています。

輸入元は88％がロシア、ついでベラルーシ、ウクライナといった旧ソ連圏が続きます。ロシアが最近供給した武器には、戦闘機、高速攻撃艇、対地攻撃ミサイル搭載潜水艦などが含まれています。ベトナムのこのような海軍力と航空機の増強（合わせて80％以上）は、中国との緊張が激化している南シナ海における軍事能力の向上を狙うもので、さらにフリゲート艦や潜水艦の調達も計画されています。

■武器輸出拡大の背景

アジア地域での武器輸出入拡大の背景には、以下の４つの要因が考えられます。

①朝鮮半島の分断と北朝鮮の「核・ミサイル」計画

「冷戦」の産物として世界に残された分断国家である南北朝鮮が、朝鮮戦争が「休戦協定」のままであるという準戦争状態の下で対峙し、しかも北朝鮮が核開発・ミサイル開発プログラムを強行していることは周知のとおりです。

しかも、米朝、日朝、韓国と北朝鮮の間には公式の外交関係が途絶されたままです。その結果、日本と韓国は北朝鮮の「核とミサイル」に対して、米国の「ミサイル防衛」に依存するという状況から抜け出ることができません。

ミサイル防衛技術は、一部日本との共同開発が行なわれているものの、事実上米国によって独占されているので、日韓ともに必要な装備は米国からの輸入に頼らざるを得ません。朝鮮半島での「核とミサイル」の脅威は米国の軍需産業にまたとないビジネスチャンスをもたらしています。とりわけ、米国との同盟に対する国民的反発が韓国ほど強くない日本では、米国からの武器輸入に歯止めがかかりそうにありません。

②ベトナムをめぐる武器ビジネス競争

２０１６年５月、オバマ米大統領（当時）はベトナム訪問に先立って、１９７５年以来続いていた対ベトナム武器禁輸を全面解除すると発表しました。その狙いは明らかで、南シナ海における中国の領土主張に対抗して、ベトナム、フィリピンなど東南アジア諸国と米国をむすぶ海外通商路や軍の行動の自由を確保することを視野に入れた全面解除でした。

オバマ大統領は、対ベトナム武器禁輸解除は中国を意識したものではなく、ベトナムとの国交正常化の一環に過ぎないと説明し、ケリー国務長官も、武器禁輸解除によってベトナムは「冷戦」の遺産から脱して、自衛のために必要な、いかなる装備をも利用できるようになるとフォローしていました。しかし「米国は、国際法が許すかぎり、いかなる場所をも飛行し、作戦を展開する」との誓約をベトナムと確認していることから、両国が中国の挑発的行動を憂慮していることは否定できません。

米国防総省報告書『アジア太平洋海洋安全保障戦略——合衆国の目標を達成する』（２０１５年８月）は、対ベトナム武器輸出解禁を「海洋の自由」を実現すると位置づけ、「軍艦及び軍用機が、海洋及び空域を国際法で認められたとおりに合法的に使用する、すべての権利と自由を意味する」と解説しています。

前記のようにベトナムへの武器禁輸全面解除は「海洋の自由」を確保するための方策の１つとされていますが、この方策は領土主権を主張する国々を封じ込めることにつながり、現実の政治の中では中国の対外政策と衝突していきます。中国は「接近阻止」（中国が展開する作戦への米国の介入を阻止する態勢）、「領域拒否」（中国が定めた領域内での米軍の展開を阻止する能力）（いずれも米国防総省がつけた呼称）の政策を掲げていますが、これと衝突せざるを得ません。

一方、ロシアは近年ベトナムへの武器輸出を強化しています。その背景には、中国の海洋権益拡大を牽制する狙いがあり、米国も対ベトナム武器禁輸解除によって、ロシアのベトナムでの武器利権の拡大に対抗して、この市場に参入しようとしていることは明白です。

③南シナ海、東シナ海の領有権紛争

南シナ海での中国とベトナムの海洋領有権をめぐる対立の起源は１９７４年のベトナム統一前にまで遡（さかのぼ）ります。たびたび中越の衝突が繰り返され、２０１４年には中国が中越国境沖で海底油田探

索を開始したことなどを契機に緊張関係は一層高まりました。この海域はベトナムが排他的経済水域（EEZ）を主張しており、中国の行動はベトナム国内での反中国デモや、海上での軍事衝突で死者が出るなどエスカレーションをしてきました。緊張関係は、16年1月、中国が海底油田の自噴（動力なしに石油などが地表に湧出）を発表したことで、ますます高まっています。

フィリピンも中国との間で南シナ海の領有権紛争を抱えています。フィリピンは南シナ海のスプラトリー（中国名・南沙）諸島（フィリピンも一部を実効支配）で大規模な埋め立てを進める中国に対抗し、周辺の軍事施設の増強を急いでいます。

フィリピンにはかつて米軍が駐留していましたが、1992年までに米軍はフィリピンから撤退していました。しかし、2014年4月には、米軍の事実上の再駐留を可能にする「米比防衛協力強化協定」が結ばれ、米軍によるフィリピン軍基地の使用、基地内での米軍用施設の設営、部隊、艦船、航空機の配備などを認めました。ただしこの「協定」は永続的なものではなく、あくまで一時的なものとされています。米国は「アジア最弱の軍隊」と呼ばれるフィリピン軍に対して、海洋安全保障のための資金援助を約束しています。

2016年6月に就任したロドリゴ・ドゥトルテ大統領のもと、フィリピンは反米的な姿勢も示しながら、対中接近を志向するようなそぶりを見せるなど、今後の外交政策には予測不可能な側面があります。しかし、南シナ海全体を見れば、中国対米国に支援された他の国々という構造には大きな変化は生まれないと思われます。

④インド――パキスタン対立と大国の思惑

アジアの状況を見るとき南西アジアにおける2つの国、インドとパキスタンの対立とそれがもたらしている軍拡競争に注目する必要があります。両国の軍拡競争はアジア全体の不安定要因ともなっています。2カ国はいずれも、核不拡散条約（NPT）に参加していない核兵器保有国で、それぞれ100発前後の核兵器を保有していると推定されています。両国は通常戦力においても競い合い、第1次（1947年）、第2次（1965年）、第3次（1971年）と戦争を繰り返してきました。第1次と第2次はカシミール紛争の過程で、第3次はバングラデシュの独立に際して勃発した戦争でした。このような緊張が、インド、パキスタン両国が武器輸入による軍拡を志向する背景にあります。

インドへの最大の武器輸出国はロシア（68％）、第2位が米国（同じく14％）です。

一方、パキスタンへの武器輸出第1位は中国（68％）、第2位が米国（同じく16％）です。

インドとパキスタンへの武器輸出は絶対額こそ大きく差がありますが、主要武器供給国はロシアと中国にはっきり2分されており、米国はどちらにも輸出をしています。ロシアと中国が武器を供給することによって、インドとパキスタンへの軍事的影響力を競っており、それが戦争の火種が拡大するひとつの要因になっています。

■「パワーポリティクス」としての武器輸出

大国が、「武器ビジネス」という利権のみならず、軍事協力を絡めたパワーポリティクスという複合した動機を抱えていることを忘れてはなりません。

たとえば、2011年9月、米国とベトナムは「2国間防衛協力のための覚書」を締結しましたが、この覚書には次の3つの要素が含まれています。

①戦略的対話の深化
②米海軍艦船のベトナム訪問と共同演習の定例化（すでに海軍共同演習が2010年以来毎年行なわれている）
③ベトナムによる米海軍への寄港地の提供

2010年、ベトナム政府はカムラン湾の港湾施設をあらゆる国の海軍に開放し、艦船の整備補修などの後方支援サービスを提供することを明らかにしましたが、最初の顧客は米海軍でした。

米国はベトナム、フィリピンとの軍事協力を拡大し、やがてはロシアにとってかわって、東南アジア全域への影響力を拡大しようとしています。ただし、ベトナムもフィリピンも米国との「同盟関係」に踏み込むことには慎重で、対中国関係との微妙なバランスをとりながら、自国の利益を守ろうとしています。

一方、東シナ海、特に尖閣諸島における日中の領有権紛争もこの地域の軍事化を高めています。

日本は「島嶼防衛」のためにオスプレイをはじめとする米国からの武器輸入を進め、南シナ海と同様、輸入された武器が地域の緊張を高め、それが新しい武器のニーズを生むという悪循環が始まっています。

インドとパキスタンの対立と軍拡競争において大国間のパワーポリティクスが果たしている役割は前記のとおりです。

■海上配備兵器を重視した武器輸入

ＳＩＰＲＩ報告書を読んでわかることのひとつは、近年の輸出兵器が航空機と艦船、とりわけ潜水艦に比重を移していることです。これは、先進国の武器メーカーが付加価値の高い分野にシフトし、採算性を重視した経営方針を選択していることもありますが、海洋、島嶼が多くを占める東アジアで複数の国が海上領有権をめぐる紛争に直面したことに起因しています。

潜水艦は数週間続けて潜航が可能で、長距離対艦ミサイルや魚雷、そして対地攻撃ミサイルを搭載することができます。これらの能力はいわゆる「領域拒否」兵器としての効果を増大させると同時に、地上目標を敵から探知されることなく攻撃する、「ステルス攻撃」が可能となります。

韓国、ベトナム、インド、シンガポールなどで米国製を含む潜水艦を輸入する計画が進行しています。

■貧困の中での武器取引

国際通貨基金（ＩＭＦ）の２０１５年の調査結果に基づき、国民一人当たりＧＤＰの低い順にアジア・オセアニアの国々をリストアップすると次のようになります。①ネパール、②カンボジア、③バングラデシュ、④ミャンマー、⑤パキスタン、⑥東ティモール、⑦ラオス、⑧ベトナム、⑨インド、⑩フィリピン。傍線をつけた国の名をこの項のどこかで見なかったでしょうか？「武器輸入国」として名前が挙がっていたはずです。これらの国々では、国民の健康や福祉、居住環境などに使われるべき資金が、武器を買うために使われ、武器メーカーや武器商人の懐を潤し戦争の火種を撒（ま）いているのです。武器取引の現実は世界のこのような理不尽を、改めて私たちに突き付けています。

■トランプ政権の登場で武器取引はどうなる？

２０１７年1月20日に誕生したトランプ政権は、「米国第一」を掲げながら軍拡路線を推し進めようとしています。そのような政策の中で、武器取引がますます活性化するのは明らかです。特にトランプ政権がすべての同盟国・協力国に対して軍事費の増額を求めていることに注目したいと思います。米国と軍事関係を強めつつあるアジアの国々が米国のこの要求に応えようとするならば、米国製武器の購入に多額の出費を重ねてゆくほかはありません。

6 世界の武器が中東に流れ込む——軍需産業の「成長市場」で起きていること

杉原浩司（武器輸出反対ネットワーク［NAJAT］代表）

■勲章授与の陰に

日本政府は、2017年3月12日に来日したサウジアラビアのサルマン国王に、最高位の勲章である大勲位菊花大綬章と頸飾（けいしょく）を授与しました。それに先立つ2016年9月には、同国のムハンマド副皇太子兼国防相が来日し、稲田朋美防衛相（当時）との間で、今後の武器開発における協力に向けた覚書を交わしています。

サルマン国王との間で、日本は企業進出のための特区新設などサウジアラビアとの経済協力の強化で合意しました。さらに、駐日サウジアラビア大使館に駐在武官を置くことなど、軍事協力を深めることも確認しました。国王は安倍首相との会談で「（日本は）テロとの戦いのコアなパートナーだと考えている」と発言しました。これらがどのような意味を持つのかを正確に理解するのは、情報が限られたこの国では難しいことです。

サウジアラビアにとっての「テロとの戦い」の一つが、隣国であり中東の最貧国であるイエメンへの軍事攻撃です。2015年3月、サウジアラビアは、敵対するイランが支援するとされる（注：どの程度支援を受けているかは不明）フーシ派を排除し、ハディ暫定政権を守るとの口実で、他のアラブ諸国との連合軍を組織して、イエメンへの空爆を開始しました。国連人道問題調整事務所（OCHA）の統計によれば、開始からわずか1年間の時点で、空爆による死者は6202人を超え、2万9612人の負傷者のほとんどが適切な治療を受けられなかったとされています。

サウジアラビア主導の連合軍による無差別空爆について、国連の専門家パネルが2017年1月に公表した報告書では、連合軍は2016年に、少なくとも10件の国際人道法・人権法違反を犯し、「少なくとも100人の女性と子どもを含む民間人計292人が死亡した」と指摘されています。

とりわけ、2016年10月に行われた空爆は残虐を極めました。まず、首都サヌアにある、葬儀の参列者が集まっていた集会場が空爆され、人々が駆けつけたところで再び空爆がなされ、最低でも827人の民間人が死傷したといいます。使用されたのは、米軍が供与した精密誘導爆弾でした。

■深刻化するイエメン人道危機

サウジ連合軍による無差別空爆は、イエメンのインフラに壊滅的な打撃を与えています。食料などの支援物資が届きにくくなり、海からの供給ルートもサウジ連合軍により封鎖されました。また、NGOなどの事務所や支援物資の備蓄倉庫も空爆によって機能が低下。食料、水、燃料、衛生用品などが欠乏し、深刻な飢えと疾病の拡大を引き起こしました。イエメンはかつてない深刻な人道危機に見舞われたのです。

２０１７年３月10日、ＯＣＨＡのオブライエン所長は、南スーダン、ナイジェリア、ソマリア、イエメンの４カ国で計２０００万人が飢餓や食料不足に陥り、「国連創設以来、最大の人道危機に直面している」と述べ、支援を求めました。中でも、イエメンの状況が最も深刻だとして、国民の３分の２に当たる１８８０万人が何らかの支援を必要としており、７００万人以上が食料支援を待っていると語りました。

「忘れられた紛争」として国際社会が見て見ぬふりをする中で、その後もイエメンの人道危機は深刻さを増しています。８月14日、ＷＨＯ（世界保健機関）は、コレラの感染の疑いのある人が50万人を超え、死者は２０００人近くに上っていると発表しました。感染者の数は１日に５０００人のペースで拡大し、その４分の１は子どもだとされます。世界最悪のコレラ発生という事態に直面しているイエメンの人々は、国際社会による緊急支援を求めています。こうした悲惨な状況をもたらした大きな要因こそが、サウジアラビアによる無差別空爆なのです。

■米国の中東への「武器バザール」

そして、この決して許されない戦争犯罪を公然と支えることで利益をむさぼっているのが、欧米などの軍産複合体です。トランプ米大統領は２０１７年５月20日、就任後初の海外訪問先であるサウジアラビアで、当初分だけで約12兆円（１０９０億ドル）におよぶ巨額の武器輸出契約を受注しました。単一の武器売却契約としては、米国史上最大規模となります。

オバマ前政権も、政権が発足した2009年1月から2016年8月までに、サウジアラビアと総額約1153億ドルに上る武器売却契約を行い、武器や情報の提供、攻撃目標誘導などの形でサウジ主導連合軍を一貫して支援してきました。

実は、オバマ前大統領が就任以来、最初の5年間で承認した米国の武器輸出は1690億ドルを超え、ブッシュ政権8年間の総額を300億ドルも上回り、第2次世界大戦後のどの大統領よりも多額の武器輸出を承認しました。さらに、オバマ政権は軍需産業による長年の緩和要求に応えて、武器輸出の多数の品目の管轄を、人権状況の審査などで制限をかける国務省から、輸出の推進を省務とする商務省に移管しました。こうした「オバマの武器バザール」を強く批判してきたウィリアム・D・ハートゥング（国際政策研究所）は、「無許可で輸入できる国が増え、密貿易の中心地になる」と断言しています。

オバマ前政権が中東地域に関してまとめた200件におよぶ武器輸出契約の多くはいまだに履行されておらず、武器取引の正式データには反映されていません。今後武器の引き渡しが進めば、米国による輸出額はさらに伸びることが予想されます。既に、トランプ大統領のもとで、サウジアラビアへの武器輸出はさらに今後10年間で約3500億ドルの規模となる見通しだと報じられています。

なお、武器輸出とは別に、米国は対外軍事資金供与（FMF）制度に基づいて、一部の国に対して武器調達のための資金を援助しています。米国務省による2017年度予算要求では、約57億ドル（約6200億円）を振り向け、イスラエルを筆頭にして、エジプト、ヨルダン、パキスタン、イラクが上位5カ国となっています。

■武器貿易条約を破るな

英国も、市民社会やメディアからの強い批判を無視して、サウジアラビアへの武器輸出やサウジ軍の訓練などを続けています。かつて英国が輸出したクラスター爆弾が、イエメン空爆で使用されたことも明らかになりました。2015年には、英国をはじめとする武器貿易条約（ATT）締約国19カ国（英国、イタリア、オーストリア、オランダ、クロアチア、スイス、スウェーデン、スペイン、スロバキア、セルビア、ドイツ、フィンランド、フランス、ベルギー、ブルガリア、ボスニア・ヘルツェゴビナ、南アフリカ、モンテネグロ、ルーマニア）と署名国3カ国（米国、トルコ、ブラジル）が、無人機（ドローン）、ミサイル、爆弾、戦闘機などを含む合計250億ドル（約3兆円）にも及ぶ武器輸出を許可しました。ATTは、国際人権法・人道法への重大な違反の実行や助長に武器が使用される「著しいリスク」がある場合には、締約国は武器の輸出を許可してはならないとしています。

ロンドンに拠点を置くNGO「武器貿易反対キャンペーン（CAAT）」をはじめとする欧米諸国、とりわけEU諸国のNGOや、国際NGOネットワークである「コントロールアームズ」、研究者（国際法学者、安全保障研究者）らは、こうしたサウジアラビアへの武器輸出に対して強力な反対キャンペーンを展開しました。国際法の観点からの詳細な批判や、報告書の作成、議員、省庁に対するロビイング、ＳＮＳでの情報拡散やネット署名などを精力的に行いました。

その主張はこうです。「２０１５年の英国をはじめとするＥＵ諸国によるサウジアラビアへの武器輸出は、武器貿易条約（ＡＴＴ）違反である。同時に、２００８年にＥＵで合意された法的拘束力のある『共通の立場』への違反である。さらには、それぞれのＥＵ諸国が定めている武器輸出に関する国内法制への違反である」。

２０１６年1月には、国連の専門家パネルの報告書がサウジアラビア連合軍による国際人道法の重大な違反行為を指摘したことが、メディアによって明らかにされました。そして、同年２月５日には、潘基文（パンギムン）国連事務総長（当時）がサウジアラビア連合軍による空爆を非難し、同国に武器を輸出すべきではないと訴えました。さらに、同年2月25日、ＥＵ議会はサウジアラビアへの武器輸出を止めるよう求めるＥＵ議会決議を賛成３５９、反対２１２、棄権31で採択しました。３月15日には、オランダ議会がサウジアラビアへの武器及び人権侵害に使用され得る汎用品の輸出を許可しないよう求める決議を採択しました。その結果、２０１６年５月前後までに、オランダ、スペイン、デンマーク、ベルギーがサウジアラビアへの武器輸出に関する規制を強化し、スイスはイエメンの全紛争当事者に対する武器輸出を禁じました。しかし、英国など多くの国はこれらに従うことなく、サウジアラビアへの武器輸出を続けています。

２０１７年7月10日、英国の高等法院は、ＣＡＡＴによるサウジアラビアへの英国の武器輸出を許可しないよう求める訴えに対して、「国内法制のもとでの手続きに則っており問題ない」との判断を下しました（CAATは不服を申し立て）。

英国ではかつて、1985年にサウジアラビアとの間で調印した巨額の武器売買契約（総額約7兆5000億円で戦闘機の売却や維持など長期にわたる内容）のために、軍需大手のBAEがサウジの有力な王族に対して、数千億円という巨額の賄賂を贈っていたというスキャンダルが発覚しました。当時、捜査当局が真相に迫ったにもかかわらず、当時のブレア政権が2006年、「国家の安全」を理由に捜査を強引に打ち切らせました。軍需産業の利害を人命や人権に優先させる英国の姿勢は、今なお変わっていません。

そして、事態はより深刻です。2016年6月に国連が作成したイエメンの紛争地帯における子どもの人権に関する報告書には、当初、サウジアラビア主導の連合軍が人権侵害のブラックリストに載っていました。これに対して、サウジアラビアは国連の人道支援計画への支援の停止を示唆し、リストから外すよう迫りました。その結果、潘基文国連事務総長は抗議に屈服して、サウジ連合軍をリストから外してしまったのです。

国連の報告書によれば、2015年にイエメンでは、510人の子どもが死亡し、667人の子どもが負傷、その6割が連合軍によるものでした。また、学校や病院への爆撃の約半数が連合軍によるものでした。同年6月8日、ヒューマン・ライツ・ウォッチやアムネスティ・インターナショナルなど20の国際人権団体は、サウジ主導の連合軍が子どもを死傷させている証拠は「圧倒的にある」として、潘基文事務総長に対して、連合軍を人権侵害リストに戻すよう要求する書簡を送りました。国連もまた、戦争犯罪国家の圧力に屈してしまったのです。

■中東紛争に巣食う軍産複合体

中東に武器を売りつけて利益を得ているのは米英だけではありません。フランス政府の統計によれば、２０１４年の武器の売り上げは前年比で18％増の80億ユーロを超えて、過去15年で最高を記録しました。さらに、２０１５年には２０１４年の倍額の１６０億ユーロ（約2兆円）に増加しました。オランド大統領（当時）はサウジアラビア、エジプト、カタール、レバノン、ヨルダンなど中東諸国を次々と訪問し、「死のセールスマン」として武器売却外交を積極的に展開しました。フランスも、シリアをはじめとする中東の紛争激化に「死の商人国家」として食い込んでいるのです。

象徴的なエピソードがあります。フランスのダッソー社が製造する国産戦闘機「ラファール」は、当初はさっぱり売れず、「世紀の大失敗」と非難されていました。しかし、２０１５年に入ると、エジプト24機、カタール24機、アラブ首長国連邦（ＵＡＥ）60機、インド36機と、大型契約が次々とまとまりました。

元経産省職員の古賀茂明さんが、２０１５年11月にフランス国営放送で見たニュース番組のシーンを驚きをもって報告されています。ダッソー社の経営者や従業員、地域住民による喜びの声を伝えた後、メインキャスターが、「ラファールが急に売れ始めたのはなぜか？」と尋ねました。すると、レポーターは「ラファールがシリアなどで高い空爆性能を証明したからです」と臆面もなく答えたといいます（『世界』２０１６年６月号）。古賀さんも「耳を疑った」と記していますが、ひとかけらの罪悪感もないこうした反応は、「軍産複合体」が根を張ってしまった社会の恐ろしさを見せつけています。この点については、日本も他人事ではありません。２０１６年４月下旬、オーストラリアの次期潜水艦商戦に日本が落選した際、ＮＨＫの23時台のニュース番組のキャスターが、「残念でしたね」と平然と語っていました。私は「日本もここまで来てしまったのか」との思いを禁じ得ませんでした。

ロシアもまた、中東への武器輸出を加速させています。米議会調査局によれば、ロシアからシリアへの武器輸出額は２００７年の21億ドル（２５２０億円）から、２０１０年には47億ドル（５６４０億円）に増加しました。地対艦ミサイルや地対空ミサイルなどが輸出されています。それ以外にも、アサド政権を支えるために秘密裏の軍事援助を行っていると見られています。プーチン大統領は２０１７年４月、ロシア軍の会合で、「我々の武器がシリアでの実戦で効果的な性能を発揮している」と述べました。ロシアはまた、２０１６年４月にはイランに高性能の長距離地対空ミサイルＳ―３００を輸出しました。

さらにドイツも、サウジアラビアやトルコなどに武器を売りつけ、イスラエルには核ミサイルの搭載が可能なドルフィン級潜水艦を輸出し続けています。２０１７年６月、ドイツ政府は、イスラエルへ新たに核搭載可能な潜水艦３隻を13億ドルで売却することを承認しました。イスラエルは、ドイツから輸入した潜水艦に中距離核ミサイルを実際に装備したとも言われています。

■ドローン戦争の実験場

最後に、とりわけ中東で盛んに使用され、多くの市民を殺傷している無人機＝ドローンの問題にふれておきたいと思います。米国がＣＩＡや空軍によりアフガニスタン、パキスタン、イエメン、ソマリアなどで行っている無人機（ドローン）戦争で多用されている無人攻撃機「プレデター」や「リーパー」を製造しているのは、米国カリフォルニア州南部に主力工場を持つジェネラル・アトミクス社です。２０１５年5月中旬にパシフィコ横浜で開催された戦後初の大規模武器見本市「MAST Asia 2015」にも、同社は堂々とブースを出し、無人機の模型を展示していました。まさに血塗られた軍需企業です。

オバマ前政権は、無人機による攻撃を拡大しました。「暗殺の帝王」と呼ばれ、無人機作戦の立案者であるジョン・ブレナンをＣＩＡ長官に起用。ホワイトハウスでは、毎週火曜に誰を暗殺するかを決める通称「テロ会議」が開かれていたといいます。「9・11」直後は7人に過ぎなかった暗殺対象者は数千人に達したと言われています。イエメンやパキスタンなどでは「識別攻撃」と呼ばれる、誰だか判らなくても行動形態のみで攻撃する方法を採用しました。米国の無人機戦争は、映画『ドローン・オブ・ウォー』が描き出したように、一人の「標的」を殺害するためには無関係な民間人を何十人殺そうが構わないという、戦争犯罪そのものです。

２０１５年10月、『アメリカの卑劣な戦争』（柏書房）という邦訳書もあるジャーナリストのジェレミー・スケイヒルが主宰する独立系サイト「インターセプト」は、機密文書を暴露し、米国が２０１２年５月から９月にかけて、アフガニスタンで無人機攻撃により殺害した人の９割近くが「標的」とは別人だったことを明らかにしました。標的は主に通信傍受に頼った情報により選ばれていたといいます。驚くべき数字です。

編集者のトム・エンゲルハートは無人機攻撃をこう批判しています。「無人機は……全世界の判事、陪審、死刑執行人として振る舞う、奪うことのできない権利を米国政府が有しており、そのように振る舞う限りにおいては、いかなる法廷の手も及ばないという、ブッシュ政権時代のグアンタナモの原理に翼を与えた」（『オリバー・ストーンが語るもうひとつのアメリカ史』）。ジェレミー・スケイヒルも「オバマは殺すだけ。我々は少なくとも収容所に送った」とのブッシュ政権の法律顧問による笑えない言葉を紹介しています（『デモクラシー・ナウ！』２０１３年１月22日放映）。

私は、２０１５年11月に来日した、米国の無人機攻撃の被害者であるナビラ・レフマンさんの話を聞きました。２０１２年10月、当時パキスタン北西部の北ワジリスタンの部族地域で暮らしていた彼女は、無人機による攻撃を受け、祖母を亡くし、自身も右手を負傷しました。故郷を追われ、教育の機会も奪われています。現在、彼女は弁護士らと協力して、米国の戦争責任を追及しています。彼女はこう言います。「無人機による攻撃は罪のない人を殺し、憎悪を煽（あお）るだけです。教育支援や貧困の解決こそが必要です」と。

オバマ政権は無人攻撃機の同盟国への販売を許可しました。制限は付いているものの、米国が完全に管理することは困難であり、米国と同様に戦争犯罪に使用されることが危惧されます。米国やイスラエルなどによる無人機の拡散が、紛争解決の妨げにしかならないことは明らかでしょう。

■やがて武器は自分に向かう

前出のウィリアム・D・ハートゥングは「もはや手をつけられない。どの陣営にも米国製兵器があり、もうぐちゃぐちゃです。米国の兵器で敵が武装。まるでブーメランです」と指摘しています。実際に、米軍が、近年イラクに供与した10億ドル相当の武器や装備の行方を把握できなくなっていることが、アムネスティ・インターナショナルの調査（２０１７年５月公表）により明らかになりました。腐敗が蔓延したイラクでのずさんな管理によって、米軍が供給した武器が米国を敵視する武装組織の手に渡っているのです。

アムネスティはまた、イラクでスンニ派の男性・少年に対する強制失踪、拉致、拷問、超法規的処刑などを行い、家屋を破壊しているシーア派民兵組織が、米国をはじめ欧州、ロシア、イラン製などの武器を使用していることを明らかにしています（２０１７年1月5日、国際事務局）。アムネスティは武器供給国に対して、民兵による悪質な人権侵害に使用されないための十分な措置をとるか、それができないなら武器を供給すべきでないと指摘。また、イラクに対しては、残虐行為を助長する武器の移転や転用を厳しく規制する武器貿易条約（ＡＴＴ）にただちに加入するよう求めています。

武器取引の表と裏を描き尽くした『武器ビジネス』（上・下、原書房）の著者であるアンドルー・ファインスタインは、「一度自らの手を離れた武器は、いつか意図しない形で自分に向けられる」（2016年4月3日、朝日新聞GLOBE）と警告しています。輸出した武器がやがて自らに向けられるという不条理の陰で、軍産複合体だけがほくそ笑んでいます。

「死の商人」の物言いは露骨です。世界最大の軍需企業である米ロッキード・マーチンのマリリン・ヒューソンCEOは、2015年1月の決算説明会で中東とアジア太平洋を同社の「成長市場」だと強調しました。「たとえイランと和解しても、中東全体の不安定は続くので心配はありません。中東各国は国防の強化を痛感しているため、我が社にとっては〝成長市場〟です」と。「もう一つの成長市場」として挙げるアジア太平洋についても、「北朝鮮をめぐる不穏な情勢が続き、日中間にも緊張が走っている東アジアには、成長市場として期待をかけている」と表明しました。

そもそも、中東が現在のような惨状に陥ったのは、アフガニスタン戦争やイラク戦争をはじめとする米国などの大国による軍事介入と、大量の武器輸出が大きな要因であることは明らかです。米国中東危機管理実行委員会のスタンレー・ヘラー会長はこう述べています。「ISILのテロを止めるために米国民が出来る最大のことは、米国政府にサウジアラビアへの武器輸出を止めるよう自国政府に要請することだ」（『週刊現代』2015年12月12日号）と。その言葉は、政府がサウジアラビアという戦争犯罪国家との関係強化をはかっている日本の市民にも向けられています。

7 国・軍需企業で何が起きているのか

望月衣塑子（東京新聞記者）

■武器輸出の試金石、潜水艦受注、脱落

２０１６年４月26日、オーストラリアのターンブル首相は記者会見で、次期潜水艦の共同開発の相手として、潜水艦の輸出経験があり、原子力潜水艦を転用する案を提示していたフランスに決めたと発表しました。日本は、世界最高レベルといわれる海上自衛隊の「そうりゅう型」潜水艦をベースにした共同開発案を官民挙げて推進していましたが、叶（かな）いませんでした。

ターンブル首相は記者会見で「（フランス案を採用しても）日本との特別な戦略的パートナーシップを強化していく」と発言し、日本との関係に配慮を見せましたが、オーストラリア国内では「日本との関係強化は、経済関係が良好な中国との関係を悪化させる」と、リスクを懸念する意見も多く世論も割れていました。総事業費５００億豪ドル（４兆４０００億円）といわれるオーストラリアの潜水艦事業を、今後の武器輸出の試金石と位置付けていた防衛省や三菱重工にとっては、共同開発からの脱落は大きな誤算でした。武器輸出の出ばなを挫（くじ）かれました。

共同開発の売り込みでは、三菱重工業の宮永俊一社長が民間企業のトップとしてオーストラリアを初訪問。オーストラリアの政府関係者や議員と接触、受注への意欲を伝えました。

一方で、ある三菱重工幹部は、次のような共同開発の内情を漏らしました。「アメリカの国防総省からの強い要請もあったので官邸、防衛省も（脱落は）正直寝耳に水でした。アメリカは日本の潜水艦を後押しするため、水面下でオーストラリア政府に『欧州の潜水艦を選んだら、米国製の最新の戦闘システムを入れさせない』と伝えていたと聞き、そう理解していました。けれど結局、アメリカはその方針を転換させたようです。アメリカの政府関係者と会ったとき『日本、ドイツ、フランスはいずれも同盟国。アメリカはどこにも肩入れしない』と言っていましたから。オーストラリア首相が、安倍晋三首相と懇意だったトニー・アボット首相から、中国寄りのターンブル首相になった時点でダメだったのでしょう」とため息を漏らしました。

この三菱重工幹部は、「潜水艦の武器輸出は、そもそも安倍首相とアボット前首相による政治的な判断で決まった。一企業としてどうこうできる状況ではなかった」と言います。

欧米系大手軍事企業の幹部は「三菱重工の関係者の落胆はかなり大きい。潜水艦の性能や経験値でみれば、圧倒的に日本の方が良かった。それなのに何故、フランスが選ばれたのか。ターンブル首相は、ダブル選挙を勝つためには、雇用確保を国民に訴える必要があった。日本より半年以上前に、現地入りしていたフランスやドイツの企業の宣伝や地元への説明が、結局勝っていた。今回は潜水艦の問題ではなく、政治的な決着だと思う。オーストラリアはスウェーデンのコリンズ級潜水艦で使えない潜水艦に大金を支払った苦い経験があるが、同じ轍(てつ)を踏むことにならなければいいが……」と話しました。

神戸製鋼所の幹部は、「正直ほっとしたところと、がっくりしたところの両面です。もし武器輸出になっていたら、我々も体制を整え、取り組むべき課題があった。政府の武器輸出での企業リスクへの保障がはっきりしないなか、会社として潜水艦輸出に重点を置くという決断は、リスクもある話で会社全体の方向性を大きく左右するものでしたから」と、武器輸出に乗り出す試金石の頓挫に、安堵と落胆の表情を浮かべました。

■潜水艦は中古でも輸出は不可能

実は、日本は当初、オーストラリアへの潜水艦の輸出にはそれほど積極的ではありませんでした。防衛省も同様で、2014年5月、堀地(ほっち)徹防衛省装備政策課長(現・南関東防衛局長)は取材に対して「潜水艦は潜れる深さや溶接技術など、機能そのものが国防機密にあたるため、中古も含めて輸出するのは不可能だ。豪との船舶技術に関する共同研究も、日本の技術の一部を提供できるか否かという限定的なものにとどまるだろう」とし、新三原則での武器輸出に関して「大型の完成品としての武器でなく、防護服や無人ロボットなどの防衛装備品、半導体やセンサーなど民生から軍用への転用が可能なデュアルユース(軍民両用)品に限定されるだろう」と話していました。

アメリカの政府高官も当時、私の取材に対して、「オーストラリア政権が主張する、潜水艦をオーストラリアの国内で建造させるという話は認められない。万一、通信・装備品関係の技術が流出した場合、アメリカ軍が危険にさらされる可能性があるからだ」と、オーストラリア国内での建造案にも否定的でした。

しかし、２０１４年４月から、オーストラリアと日本の間では日豪防衛相会談（４月）、日豪外務・防衛閣僚級協議「２＋２」（６月）を重ね、７月には日豪首脳会談で「日豪防衛装備品・技術移転協定」に署名しています。この交渉の水面下で、オーストラリア側が日本の潜水艦の輸出について繰り返し打診していました。防衛省側は「機密の塊である潜水艦の輸出はハードルが高すぎる」としてオーストラリア政府に対し、慎重な姿勢をみせ続けていました。

■突然、方向転換した防衛省

「日本は潜水艦を豪州で初日から建造できると確信している」。

２０１５年10月、シドニーでの潜水艦事業の現地説明会で防衛省の石川正樹防衛審議官は、記者団に語り、受注への政府の意気込みを示しました。それまで現地生産に消極的とされ、武器輸出にも積極性がみられなかった日本でしたが、一転して防衛省と三菱重工、川崎重工との20人の官民合同チームを同年８月に結成、シドニーやメルボルン、アデレード、ブリスベンなど各都市で現地説明会を開催しています。

潜水艦の実物大模型を置いて、強度を出す溶接技術などを３００人の技術者に教える訓練センターの設置や、潜水艦建造でオーストラリアに4万人の雇用を生み出し、整備や補修などでも長期にわたって日本が協力するとアピールしました。広大な海に囲まれるオーストラリア海軍が対応できるよう、そうりゅう型の全長を6〜8メートル延長、大型蓄電池を搭載し、リチウム蓄電池への移行を検討していることも発表しました。現地説明会の会場には、個別ブースが設けられ、現地企業に日本との共同開発で得られるメリットが具体的に伝えられました。

２０１６年2月には、オーストラリアの有力地元紙「オーストラリアン」の取材に若宮健嗣防衛副大臣が対応、「日本のそうりゅう型が豪の次期潜水艦に選定された場合、ステルス技術を含む機密をオーストラリアと共有する」と言及し、機密性の極めて高いステルス技術の輸出にも含みをみせて関係者を驚かせました。

■防衛省・防衛企業にもリスクがある

報道されるニュースをみていると、政府や防衛企業は足並みをそろえて、潜水艦の武器輸出に突き進んでいるように思えます。しかし、潜水艦の武器輸出には課題も多く、取材を重ねると、防衛装備庁と防衛企業の中にも、輸出のリスクについて懸念を示す幹部が多いのです。

三菱重工の幹部A氏は、「オーストラリアの技術者のレベルは、実際にみると想像よりレベルは高かったが、それでも日本の技術者の標準には及ばず、教育でどこまで（技術陣）レベルを上げられるかなど課題は山積みです」と話します。

日立幹部のＢ氏は、「武器輸出はメリットばかりではない。いろんな立場の会社がある。武器を輸出したら技術流出の恐れはついてきます。潜水艦も含めて他国に技術が移転されないしくみがないときびしい。だから今、わが社は様子見です」と慎重な姿勢を示しました。

潜水艦建造に関わる神戸製鋼の幹部Ｂ氏は、「正直、日本が脱落して良かったと心底思います。潜水艦のレベルを輸出用に落としたとしても、物を外国に出す限り技術は流出する。同盟国でもないオーストラリアにそれだけのリスクを負ってやる価値があるとは思えない」と話しました。

また、海上自衛隊のＯＢで大手防衛企業幹部Ｃ氏は、「新三原則ができていきなり潜水艦輸出になった。だが、潜水艦はハンドルも弁も全部機密の世界。艦内のパイプのつなぎ手の鋳物技術は普通の鋳物ではできない。どんなに硬い潜水艦をつくってもこの鋳物の技術が全ての潜行深度、爆雷への衝撃耐力を決める。潜水艦用のリチウム蓄電池も秘密の塊です。あれを、出してしまってもいいものかどうか。潜水艦の音が出ないポンプ類は、民間では使っていません。ポンプ類は設計書を出して特許をとった瞬間に、その秘密が分かってしまうから、特許も取れないもの。それも出してもいいものなのかどうか」と話しました。

自衛隊元幹部のＤ氏は「潜水艦の中のパーツを割って成分を分析したら相手国にも技術が分かる。潜水艦を輸出するということは、全て相手にさらけ出すこと。自分が中国の司令官だったら30年後に退役になった日本の潜水艦をオーストラリアから買い取り、徹底的に分解して材料を分析すれば同じ物をつくれる。今は中国とものすごい差がある。だけどそこで同じものをつくられたら……」

と不安を隠しません。

別の大手防衛企業幹部E氏は「潜水艦の製造に関わる１４００社の間では、武器輸出で会社の知的財産をどう守るかという議論がきちんと進んでいない。潜水艦の高度な技術が流出したときの補償は結局何もない」と話します。

■武器輸出のための制度ないままに

武器輸出大国であるアメリカは、武器輸出のために、対外有償軍事援助（ＦＭＳ）という制度を整えています。アメリカの企業が日本に武器を売る場合、日本に直接売らずアメリカ政府が、価格に将来の研究開発費などを含め、利益率を加えて企業から武器を買い取り日本に売るしくみです。アメリカ政府は、補修や整備などに際しても技術者を日本に派遣して整備・補修を行なう一方で、日本からの技術流出がないかを入念に調べます。このようにアメリカは整備や補修、訓練支援などの人的な交流もセットにして武器輸出を推進しているのです。

大手防衛企業幹部C氏は、「ＦＭＳは企業を守り、技術流出を防ぐための制度です。潜水艦を輸出するのであれば、日本もＦＭＳと同様の体制を整えなければなりません」と言います。

２０１５年10月、オーストラリアのノーザンテリトリー州は、年間１００隻以上の軍艦が行き来するダーウィン港を中国企業の嵐橋グループに99年間、５億豪ドル（４４０億円）で貸し出す契約を結びました。その話を引き合いに出して三菱重工幹部は、「その一件をみてもオーストラリアが本音では、いったい何を考えているのか。日本の安全や機密はどこまで守られるのか、正直分からないところだらけです」と不安を隠しません。

大手防衛企業幹部C氏は、「日本の武器輸出解禁の動きは、あまりにも早くて、米国のような枠組みや支援体制をつくる時間がない。そんななかで防衛省や経産省が、防衛企業にとにかく『売れ、売れ、売れ』とやっている。政府に言われたことには絶対に反対できないから、一生懸命『こういう資料つくれ、ああいう資料つくれ』と言われたことに応えて資料を出すが、実際にそれをやっても海外とは商習慣が違うから非常にリスクがある」とこぼします。

三菱重工の幹部A氏は、「潜水艦の武器輸出は政府間内で、クローズで話を進めようとしている。いろんな企業の担当者が、防衛省の職員や自衛官に接触して『こういう問題がある』と言おうとしても、みんな会わない。接触して自分たちからいろいろ情報交換して、それがマスコミに漏れてたたかれたら大変だという理由でね。皆、そう思っているからかえってリスクを言わない。だから、安倍首相はたぶん、安全保障上の情報が漏れるリスクとか、オーストラリアの技術力がどの程度か知らないだろう。オーストラリアに潜水艦を期限内に造れなければ、違約金を何千億円と払わされる。会社が倒れるぐらいのリスクを背負うということについて、政府に情報がいっていないのではないか。国民の税金がそこで使われたらさらに批判が出るだろうに」と政府への不信感をあらわにしました。

自衛隊元幹部のD氏は、「安全保障面では、安倍首相の言う『美しい国』からみると、中国を含む周辺国が潜水艦を持ち始めており、日本の防衛で極めて重要な潜水艦を使い、日本、アメリカ、オーストラリアと協力するということは重要かもしれない。潜水艦は日本の最高技術。それを出すというのは、オーストラリアを信じているというメッセージ。でも一方で、オーストラリアはすごく中国に近い。オーストラリアでは法律上、共同開発したものは全て自分の知的財産として、他国に売っていいことになっていると聞く。もし潜水艦技術が漏れたらどうするのか。もっと知恵を絞って考えないといけない」と話します。

大手防衛企業幹部E氏は、「ドイツとかフランスみたいに民間に売るのであれば、日本も武器輸出用のバージョンをつくらなきゃいけないが、日本はそういう経験はない。工場で『バージョンを落とすか、もうちょっと手を抜いて悪いものをつくったらどうか』と言うと、日本の職人かたぎの人は『そんなのできない』と言う。『いいものをつくろうと、我々は努力しているのに何で悪いものをつくるのだ』となる、それが日本の職人達の気質。そもそも日本は、武器輸出に適した国なのか、そういう問題もある」と、職人気質を引き合いに出し武器輸出に現場の懸念を吐露しました。

■下請けの思い

では、大手武器企業の下請けで働く企業では、武器輸出をどう捉えているのでしょうか。聞こえてくるのは「できることならやりたくない」(X―2下請け企業)「『国を守る』という気持ちや『やりがい』というのは少しだけ」(哨戒機P―3C下請け企業)「軍事に関わっているからと評価を下げたくない」（中部地方の製造業幹部）というむしろ消極的な声でした。

三菱重工傘下の下請け企業の男性は、「戦闘機や航空機などは、設計から生産管理、品質保証までの検査がきびしく、繊細な作業が必要で、不良や不適合というのは許されず、返品も多い。99・9％が大丈夫でも、残り0・1％でダメになることも多々だ。保険にも入るが、品質記録は30年間、管理されて上の企業からはチェックを受ける。積極的にやりたいわけではない」と話します。別の大手防衛企業の下請け社員は「本音で言えばやりたくない。儲からないから。少量、他品種で値段もきびしい。大企業に『値段を上げてくれ』、と話をしてもうまくいかない。限られた人数で技術、品質、価格を考えなければならない」とこぼしました。

戦闘機の部品製造を請け負う男性は、「宇宙・防衛については、第三国の従業員は使えない。コンプライアンス違反になる。H3ロケットでは、打ち上げ費用は半分ぐらいに減らされコストも下げなければならず、きびしい世界だ。工作機械も1、2億円かかる。人手がかかるし、人の教育から管理まで要求される」と言い、「軍事関係が儲かるかと言われたら微妙。ロケットよりはいい。ただ、年々価格は下がっている。それでもアメリカから高いものを買わされるぐらいだったら、国産の方がいい。買うよりは自前の方がいい。注文が来た方がいいが……。技術流出や安全を考えると、利益だけを追求してどこにでも武器を売ればいいということにはならない」と話しました。

国産戦闘機の実証機「X―2」に関わる下請け企業の男性は、「軍需産業に携わることは、怖いというところはある。標的にされる恐れもある。北朝鮮から日本は近い、戦争が始まったらミサイルとか撃たれてすぐ日本にも落とされる。中国も変な動きをしているし、防衛システムは絶対に必要だ。その代わり輸出するなら過激派組織イスラム国とか、武器商人に渡らないようにしないといけない。こういうもの（武器）をつくっていることに『誇りを感じる』というより有事が心配。ミサイルを撃ち込まれたら近隣にも被害を及ぼす。そういう可能性はなきにしもあらず。だから、海外に武器を売るのは慎重にしないと。金が儲かればいい、という世界に走ると逆に自分がつくったものでやられる、ということになりかねない」と危惧の念を隠しませんでした。

防衛省に哨戒機やミサイル関連の部品を納める関東の企業の男性は、「北朝鮮がミサイルを飛ばしたりすると、防衛装備を強化するため翌年に注文がくる。軍需の値段はそれなりだけど、検査はきびしい。マジックがついていたぐらいで返品されてくる。軍需産業を『進んで受けたい』というわけでなく、やりたい人がいないからやっている。神経は使うし、削りにくくてしょうがない材質もある。防衛省の仕事は機密事項が多く、図面は黒塗りで番号だけだったりする。商品が管理できてなく、不良品を出していたら毎回、始末書で検査もきびしい。でも他に武器の部品の製造をやるところがない」と話します。

P―3C（哨戒機）の部品を製造する中部地方の男性は、「防衛省は景気にそれほど左右されない点では貴重だ。積極的に受けたいとは思わないが、受注で自分の技術力が分かる。自衛を超えて海外のどこにでも出す武器輸出には絶対に反対。でも……『高い金を払うから輸出のために』と言われて、そのとき、生活に困っていたら四の五の言わずにつくるかもしれない。武器輸出になっても、結局自分たちはアメリカの下請け企業のようになるのではないかという危惧もある」と本音を語ってくれました。

創立80年を超える化学消化液や燃料ポンプを製造する東京都内のD社は、防衛省との取引が40年以上になるが、ある幹部は、「防衛省に納めているときは、『ポンプは消火で使われ、戦火を沈めても悪化はさせないだろう』と言い聞かせてきた。けれど、武器輸出となれば、海外の軍にも武器の一部としてポンプを出すことを求められるかもしれない。そのとき『はい、生活があるのでつくります』と、引き受ける選択肢はとりたくない。自分たち世代が、子どもたちを戦争に巻き込む可能性のある安全保障法案を通してしまった。そのことの責任だけでも大きいのに、それとセットで考えられた武器輸出に『国の政策だから仕方ない』と従えない。武器輸出の要請が来たら従業員皆で話し合います。生活はある、でも子どもに胸を張って『お父さんは、武器に積むポンプをつくっているのだ』とは言えないです」と話しました。

■民間企業にも波及

従来、防衛省と直接取引関係にある企業は、卸売業や建設業を含め全国で4568社のみでした（2013年帝国データバンク「防衛・自衛隊関連の企業の実態調査」）。しかし、新三原則ができた直後の2014年5月、経団連が新三原則に関するセミナーを開催したのを皮切りに、政府はこれまで武器製造に関わっていなかった民間企業に対して、「国防に生かせる良い技術があれば、手を挙げて」と全国各地で武器輸出の説明会を開催しています。

名古屋市で歯車などの部品を製造する企業の経営者は、「会社で経理をする家内としばしば、近年の政治状況とあわせて『うちも武器輸出になったらどうするのか』という話をします。妻も私も武器輸出のための仕事であれば断ろうというのが今の一致した思いです。仲間に話すと『それは仕事が安定しているから言えるのだ。俺たちが断っても誰かが引き受ける、なら自分の所で引き受ければいい。生活が第一だ』と言われる。そういう仲間が多い。自分は恐らく変わっている。生活が困窮し、来月の従業員の給与さえ、満足に払えない状況に追い込まれたら、もしかしたら武器輸出の製造を引き受ける選択をせざるを得なくなるかもしれない。でも少なくとも現在は、自分たちが軍事には絶対に関わらない、戦争には加担しないという思いを貫きたい」と力を込めて話しました。

「武器輸出には関わらない」とこの男性を突き動かすのは、父親から聞かされた戦争体験の話だといいます。「敵は皆、鬼畜だと思っていた」という、狂気の時代を生きた両親の話を聞いて育った彼は「戦争だけは二度と繰り返してはいけない。武器輸出で政府はいったい何がしたいのか。安保法も成立し子どもや孫が、戦争に巻き込まれたらという不安がつきません。子や孫の世代に戦争が起きても、今の政府の人間は何の責任もとらないでしょう。政府の『武器輸出で安全保障が強化される』というのは、しょせん、戯れ言ではないのか。戦前、お国のためとつくらされた武器は、敗戦で紙くず同然になった。戦後、自分たちが培ってきた技術や物は、戦争に加担するために培ったものではない」と話しました。

取材を重ねると、大手防衛企業の多くの幹部、その下請けなどで働く人びとは、日本が武器輸出に踏み切ったことに否定的であり、関わりには慎重です。彼らの言葉は、戦後、憲法9条の下で日本が軍需に頼らない経済活動を進め、国や文化を発展させてきたことと無縁ではないでしょう。「武器輸出に踏み切り、日本は世界の戦争に加担していくのか」。企業で働く多くの人びとの心の声に耳を傾け、社会や政治に、その声をもっと反映させていく必要があります。

8 東芝と軍事ビジネス

海老根弘光（元東芝組合員）

■戦前・戦後の東芝軍需

１９３９年、東京電気と芝浦製作所が合併して発足した東京芝浦電気株式会社は、45年後の１９８４年、現在の株式会社東芝に社名変更しています。東京電気と芝浦製作所は、明治時代からアメリカのゼネラルエレクトリック（ＧＥ）社と資本・技術のうえで緊密な提携関係をもっていました。

１９４１年に太平洋戦争が始まると、日本政府は「敵産管理法」を適用してＧＥ社の持株を処分させましたが、戦時下の１９４４年までの5年間で、工場の数を9工場から59工場に、従業員数を2万４８６２人から8万３３８２人の3・4倍に、売上高を6・7倍に、利益を9・1倍に急増させています。

当時、川崎市内にある東芝の研究所は陸海両軍の技術研究所扱いとなり、新型の真空管やレーダーなどの電波兵器の開発に動員されていました。堀川町工場、柳町工場、小向工場では真空管や通信機のほか高射砲弾などの軍需生産に携わっていました。小向工場は、国家総動員法によって軍の管理工場とされ、1945年には徴用工や動員学徒を含めて約1万人の従業員が働いていました。1945年3月と4月の大空襲で、京浜地域の軍需工場は壊滅し、終戦時、小向工場には約2000人の従業員が残るのみでした。

戦後、占領軍指令による企業整備、レッドパージを含む人員整理に対して、労働組合結成直後の東芝労働組合連合会は、大規模な人員整理反対・生産復興闘争を行なっていますが、1950年には東芝の従業員数は2万人以下に減少しています。

しかし、1950年6月、朝鮮戦争が勃発すると日本の多くの企業がアメリカ軍兵器の修理や製造に動員されていき、「朝鮮特需」という活況を呈します。同年8月、GHQの政令260号によって警察予備隊がつくられ、54年には自衛隊に改組されました。民需品での生産復興をすすめていた東芝の小向工場は、警察予備隊に無線機を納入するようになり、55年には自衛隊に供与されたアメリカ軍のGE社製レーダーの保守・修理を引き受け軍用レーダー整備工場を新設しました。

1960年、テレビの増産にともない小向工場の従業員数は4500人を超え、この他に臨時工といわれた有期雇用契約の労働者が1000人を超えています。民需製品は真空管からトランジスタ、集積回路へと技術開発がすすみましたが、軍需製品の多くは1950年代にアメリカで製品化された旧式なものが多く、防衛秘密扱いのない無線機やレーダーなどで、軍需生産に関係する従業員数は500人以下でした。

■2次防、3次防と東芝

1957年、岸信介内閣は第一次防衛力整備計画を決定し「装備品についてはアメリカからの供与を予定する」という方針をとりました。62年の第二次防衛力整備計画では「装備の近代化」「誘導武器の進歩に即応した精鋭な装備の整備と運用研究」などの方針を決め、米軍第5空軍が構築した航空警戒管制組織が航空自衛隊に移管され「2次防」では、新たに「半自動航空警戒管制組織」（BADGEシステム）を選定することになりました。

この「2次防」にあたって東芝は三井物産と組んで、GE社のBADGEシステムを提案し、1963年には、GE社と合弁で東芝エレクトロニックシステムズを設立して各社との競争に対応しました。三菱電機は日商岩井・リットン社と組み、日本電気は伊藤忠・ヒューズ社と組み、3社三つ巴の受注争いをしました。

結果的には1964年、日本電気・ヒューズ社の合弁会社（日本アビオトロニクス）が受注しましたが、当初受注価格の2倍の253億円を投入したといわれ、電機メーカーにとっては過去に例のない巨額の軍需契約でした。その後のBADGEシステムの更新にあたっては、一貫して日本電気がシステム全体の主契約者として随意契約し、東芝、三菱電機、日立製作所、富士通などは構成品の下請負契約者になっています。

1965年、新たに東芝社長に就いた土光敏夫は「3次防」に対応して「特定防衛機器本部」を創設し、地対空ミサイルの受注に乗り出しました。「第三次防衛力整備計画」（3次防、67年）では「地対空ミサイル等の技術研究開発体制強化」「ホークミサイルの国産化」などの方針を決定しました。68年に三菱電機が主契約者となったホークミサイルのライセンス国産化は、一式100億円を超える契約高で、数年先までの受注が計画されていました。東芝はホークミサイル誘導用レーダーを受注し、小向工場の敷地内には、ホークミサイル製造・開発用の3階建ての新工場がつくられました。この新工場の窓には鉄格子の枠が取り付けられ、工場への出入りを管理するのは防衛庁の駐在官でした。出入りする従業員には「防衛秘密作業従事者適格証」が交付されるなど、過去に経験したことのない「防衛秘密保全体制」がとられました。

1972年に決定された「4次防」は、防衛費を世界の第6位に上げる正面装備を飛躍的に拡大する計画でした。政府は、引き続き「防衛計画の大綱」と「中期業務見積り」などを決め、長期にわたる軍備拡大の計画を明らかにしました。

4次防と東芝のミサイルシステム

東芝が担当する防衛装備品は、無線機や誘導弾のほかにF4戦闘機、F―15戦闘機、E―2C早期警戒機、P―3C対潜哨戒機などに搭載される電子装備品のライセンス生産と技術研究本部へ納入する新兵器の開発などの長期計画が増加していきました。小向工場で生産していたテレビ、VTR、電子計算機、放送機器などの生産は、他の工場に移管され、小向工場は軍需生産の拠点工場に変わっていきました。

東芝は1960年代から防衛庁技術研究本部との間で地対空ミサイルの研究・開発に取り組み、数次にわたる試作契約を積み重ね、1981年には「81式短距離地対空誘導弾」として制式化され、量産を始めました。このミサイルシステムは、射撃統制装置、発射機、誘導弾、整備器材、訓練器材などで構成され、すべてを東芝が担当して開発・製造したので、ホークミサイルと比べるとさらに大規模な軍需契約になりました。

1983年には短距離地対空ミサイルの開発・製造のために6階建ての新工場がつくられました。このミサイルは純国産技術で開発され、日米相互防衛援助協定等に伴う秘密保護法（1954年6月9日公布）の秘密保護の適用外のはずですが「防衛秘密作業従事者適格証」の交付を必要とする作業エリアは、さらに広がっていきました。この工場の窓の内側にも、ホークミサイル工場と同じように鉄格子が設置されています。

その後も長期的に軍需生産の継続的な拡大が見込まれると判断した東芝は、改良型ホークミサイルやペトリオットミサイルなど地対空ミサイルのライセンス生産に対応するために、83年には東京の日野工場にミサイル製造工場を新設しています。

他方で、宇宙開発事業では、三菱電機、日本電気、東芝の「衛星三社体制」を維持することは困難であると判断して、東芝は2000年に宇宙開発事業を日本電気に事業譲渡することを決め、宇宙開発用の工場は、ミサイル関係の工場に切り替わり、軍需生産を小向工場に集約しました。

東芝は、81式地対空誘導弾については主契約者として随意契約で受注し、三菱電機、日本電気、富士通、ＩＨＩ、川崎重工、日本製鋼所、中国化薬などが下請負契約者として構成品を受注しています。このように軍需企業が分担受注するしくみは、他の武器の受注構造にも共通しています。２００３年にホークミサイルの後継機種として制式化された03式中距離地対空誘導弾の場合は、主契約者が三菱電機で、東芝や日本電気、富士通などは下請負契約者として構成品を納入しています。

軍需大企業は経団連防衛生産委員会などを通じて、機会あるごとに軍需生産の維持・拡大を政府に要求してきましたが、その中で、このような軍需契約のしくみが形成されていきました。

■軍事ビジネスのしくみとうまみ

新しい兵器の開発にあたっては、軍需企業は防衛省技術研究本部との共同研究の形を取り、軍需企業が先行投資をして研究・開発にあたり、次に試作研究契約を締結して、新兵器の制式化に進みます。試作・研究契約で回収できない開発費は製品価格に上乗せして回収します。

東芝が開発した短距離地対空ミサイルの場合は、１９６０年代から東芝の独自の試作研究が始まり、１９７１年に防衛庁技術研究本部との間で試作契約に基づく研究開発をすすめ、１９８１年に制式化を行なって装備品の量産が始まっています。この過程で、他社が応札できない状況が形成され、随意契約で受注が決まるしくみがつくられています。

無線機などの契約では10億円を超えるのはまれですが、誘導武器の契約では、単年度で１００億円を超える巨額の契約となることが少なくありません。軍需企業は、そのために工場を新設し、最新鋭の設備を導入することができます。その費用は、軍需製品の原価算定の基礎に組み込まれ、安定した投資と長期にわたる生産量が確保できるしくみがつくられています。

日本兵器工業会は１９５２年に結成され、１９８８年以降は防衛装備工業会として、防衛装備品の研究、情報提供、提言などの活動を行ない、１３０社以上の会員企業をかかえていますが、会長には大手８社の会長、社長などが就任しています。日本の軍需生産は、各企業が兵器生産の機種や受注量を調整しており、アメリカのような大規模な企業合併や買収などは行なわれてはいません。

■職場に広がる防衛秘密保全体制

１９７０年代に入ると、アメリカの軍需企業との間で兵器のライセンス国産化契約を締結する例が増えていきます。ライセンス生産では、日米両国政府の承認のもとで、アメリカの軍需企業が軍需品についての製造技術や技術資料の開示などに関する契約を締結して、日本国内で生産します。研究・開発に要する時間、経費やリスクを少なくして早期に装備品を取得する目的で行なわれますが、完成品の輸入に比べれば、割高になると言われています。ライセンス生産に使用される設計や製造用の図面、技術資料などの管理には「日米相互援助協定」（ＭＳＡ協定、１９５４年）に基づく秘密保全の取り扱いが義務づけられます。

東芝でも、ホークミサイル、ペトリオットミサイル、短距離地対空ミサイル、Ｐ―３Ｃ対潜哨戒機、

F―15戦闘機、E―2C早期警戒機などの航空機搭載電子装備品のライセンス生産が増加するにしたがって、防衛秘密の保全対象の職場が広がっていきました。

ミサイル工場のように、建物全体が防衛秘密区域に指定される場合や、航空機搭載電子装備品の場合は、防衛秘密保全に該当する作業場を密閉する形で防衛秘密エリアとして区分されます。これらの秘密区域の出入りには厳重な防衛秘密保全手続きが実施されます。防衛秘密エリア内で使用される図面や資料はメモ紙を含め外部に持ち出すことはできません。

従業員が、防衛秘密作業従事者適格証の交付を受けるためには、本人と二親等以内の血族および姻族も記載しなければなりません。会社は、これらの調査資料に取扱対象機種を記載した「防衛秘密業務従事者指定申請書」を添付して防衛庁に提出して審査を受けます。防衛庁から、防衛秘密業務に従事することが適格であると認められると「防衛秘密作業従事者適格証」が交付されます。防衛秘密保全が義務づけられた作業場に出入りする者は、この適格証を胸につけなければなりません。

また、適格証の交付を受けた者には、毎月開催される防衛秘密保全教育を受ける義務が課せられます。月別に決められた防衛秘密保全教育では「飲み屋、食堂、トイレなどで秘密に係わる業務の話はしない」などの「慎重な言動」についても教育され、自宅に帰っても仕事の話はしなくなると言われています。長期にわたって繰り返される防衛秘密保全教育によって、労働者どうしが互いに監視し合うような空気が生まれ「あいつは最近言動がおかしい」「政治的なことは話題にしない方がよい」などと神経をつかう雰囲気ができあがります。２００７年に日米政府間の軍事情報包括保護協定（ＧＳＯＭＩＡ）が締結されると、小向工場では工場の出入りにはＩＤカードによる入退室管理システムを導入し、入退出門には規制柵を設けました。

■進行する武器生産と反対の闘い

日本経団連は、防衛生産・技術基盤の強化に向けた政策提言を繰り返し発表し、２０１２年の日米防衛産業協力に関する共同声明では「２０１１年末に日本で武器輸出三原則等の運用に関して見直しがおこなわれた」ことは大きな意義があると強調しています。さらに２０１５年には防衛装備庁の政策に対して産業界の考えを反映させるために、「防衛産業政策の実行に向けた提言」を出しています。この提言では「防衛生産・技術基盤の維持・強化には、装備品の中長期的な研究開発計画や取得計画の明示と確実な実施および防衛装備移転三原則に基づく国際共同開発・生産や海外移転の推進という両輪での施策が必要」と強調し、具体的なプログラムまで提言しています。

すでに、東芝などでは、防衛省陸上自衛隊装備品関係を担当してきた営業幹部を海外営業セクションに配置換えして、防衛装備品移転三原則に対応する新たな動きも出ています。地対空ミサイルやレーダーなどを開発している電機メーカーの技術水準は、アメリカと肩を並べるまでに達しており、日本の軍需企業は、アメリカやヨーロッパだけでなく、今後は東南アジア諸国に対して武器輸出や武器生産の技術協力をすすめようとしています。

これらの動きに対抗して、労働組合の自主的民主的強化をめざして活動している電機労働者懇談会や個人加入の労働組合である電機・情報ユニオンなどが工場の門前でビラを配布するなど、労働者の生活と権利を守る運動に取り組んでいます。1970年代には根強く残っていた組合アレルギーや反共主義の影響は薄れ、新しい運動が芽を出しています。人減らしリストラ攻撃に直面した管理職を含む多数の労働者が、電機・情報ユニオンに加入して、管理職としての地位と雇用を守る団体交渉も行なわれるようになってきました。個人加入の労働組合が、労働三権の実現をめざして、一人の労働者・管理職の要求を取り上げて会社側と団体交渉をして解決する事例が増えています。

このような力が、職場に憲法を生かし、武器輸出に歯止めをかける闘いのエネルギーになろうとしています。日本は専守防衛だから海外派兵はしない、という政府の方針にしたがって「防衛生産」に従事してきた労働者の中には「戦地派遣拒否、死の商人が支配する職場への道は許さない」という熱い思いが生まれています。

9 復活する軍需利権フィクサーたち――構造化する天下りと汚職

田中 稔（ジャーナリスト）

■防衛利権フィクサーの存在

突然の中止――。

２０１６年5月27日、ザ・キャピトルホテル東急で予定されていた国防族議員らによる講演会が急遽、取り止めとなりました。現職の若宮健嗣防衛副大臣と鈴木敦夫防衛省防衛政策局次長が講師を務める予定でした。会費は1万２０００円。中止の理由は、呼びかけ人が久間章生元防衛相と大物の防衛利権フィクサーといわれる人物だったからです。呼びかけ人、案内状の差出人は「初代防衛大臣・久間章生事務所　秋山」。秋山直紀氏のことです。

秋山氏といえば、守屋武昌元防衛事務次官の立件にまで突き進んだ山田洋行事件に絡んで２００８年に脱税の疑いで逮捕されています。11年10月、最高裁は秋山氏の上告を棄却し、懲役3年執行猶予5年、罰金２７００万円の有罪判決が確定しました。現在、一般社団法人国際平和戦略研究所（久間章生代表理事）の理事を務めています。

防衛省内では「さすがに防衛疑獄事件で立件された人物が関係する会に現職の副大臣が講演するのはまずい」との指摘が多くあったとされています。開催の1週間前頃に突然、久間事務所から中止の連絡があったといわれています。

再び蠢き始めた防衛利権フィクサーの足跡をふり返るため、話を10年前に遡ってみましょう。

■旧住友銀行の不良債権と山田洋行の内紛

まず、山田洋行事件を概観します。

２００７年10月から事件化した守屋武昌防衛事務次官と防衛商社山田洋行との間の贈収賄事件が発覚したきっかけは、旧住友銀行の不良債権処理をめぐる山田洋行と日本ミライズの内紛でした。

もともと、オーナーの山田正志氏が率いる「山田グループ」は山田地建や弥生不動産といった不動産会社を中心に経営していました。山田グループの中では異色ともいえる、防衛商社山田洋行は１９６９年に設立されています。山田一族は旧住友銀行の当時融資3部長であった西川善文氏（97年頭取就任）と深い関係にあり、住友銀行の不良債権が山田グループに持ち込まれ、イトマン事件や安宅産業事件など「西川善文案件」といわれた巨額不良債権の処理に山田グループが暗躍し、結果として山田グループに１１３億円もの負債が残ったのです。

この不良債権を整理回収機構（ＲＣＣ）に持ち込んだ山田洋行は、ＲＣＣが4割近くの債権を放棄する条件として数十億円の一時金を手当てする必要に迫られました。山田グループ内で最も黒字であった山田洋行の全株を転売しようと目論みました。このような山田一族の暴挙に異議を唱えたのが、山田洋行の宮崎元伸専務でした。

この社内対立の中で宮崎専務は山田洋行と訣別し、日本ミライズを設立しました。この宮崎氏と昵懇だったのが、守屋武昌防衛事務次官でした。

一方、山田洋行の側には久間章生元防衛大臣と防衛利権フィクサーとして活動していた秋山直紀氏が加勢しました。

両者とも互いにスキャンダルを暴露しあう激しい情報戦を展開しました。山田洋行側からは防衛省のスキャンダル「守屋天皇とチルドレン」の実態が暴露され、山田洋行関係のCX（次期輸送機）エンジンのGE（ジェネラル・エレクトリック社）商権1000億円をめぐる汚職など腐敗構造の一端があぶり出されました。日本ミライズ側からは、中国での遺棄毒ガス処理での山田洋行の裏金100万ドルが暴露されました。

■「守屋天皇」ゴルフ接待と「おねだり妻」

山田洋行の宮崎元伸元専務と「守屋天皇」の結びつきは、家族ぐるみのものでした。

「宮ちゃんに頼むからいいわよ」。守屋武昌元防衛事務次官の妻・幸子氏は防衛商社「山田洋行」の宮崎元伸元専務を「宮ちゃん」と呼び、防衛省による山田洋行への便宜供与の見返りにゴルフ接待や金銭を要求する始末でした。

２００７年秋に発覚した山田洋行と守屋武昌元防衛事務次官の贈収賄事件では、検察の冒頭意見陳述にこんな生々しいくだりがあります。

【〇四年四月、守屋夫妻の息子Aがサラ金から借りたカネを返せなくなった。幸子から同返済について相談された守屋はこれを断った（父・武昌の断った理由は「もう大人なんだから」）。すると、幸子は「宮ちゃんに頼むからいいわよ」。守屋は「じゃあ、そうしてもらえ」と了承した。宮崎は「それくらいなら差し上げます」と言い、秋山収（山田洋行の米国法人社長）に指示して幸子名義の銀行口座に合計二万ドル（約二百十八万円）を振り込ませた】

なんと守屋の息子のサラ金の後始末まで防衛商社にやらせるというおぞましい癒着関係。守屋氏が家族ぐるみで供与を受けた総額は約１２５０万円（起訴分）に上りました。守屋氏は１９７１年に防衛庁に入庁し、防衛局防衛政策課長、防衛庁長官官房長、防衛局長といった「背広組」（シビリアン）として防衛行政の中枢を担い、２００３年8月から約4年間、トップである防衛事務次官を務めました。一般の隊員の模範を示すべき立場にありながらの犯罪であり、極めて悪質です。

守屋が受けたゴルフ接待も半端な数ではありませんでした。ゴルフ接待の数は、１９９４年6月から２００７年4月までの日帰りゴルフ接待は合計３６１回。これにより守屋氏が利得した金額は１８００万円を超え、96年8月から06年5月までのゴルフ旅行接待合計31回分も含めると、守屋が利得した金額は２５６０万円を超えました。

こうした接待やカネは山田洋行に対する便宜供与の見返りだったのです。検察が立件した便宜供与の件数は、①化学防護車の導入、②BAEシステムズ社の見積もり改ざん問題（チャフ・フレア射出装置の水増し請求問題）への対応、③掃海・輸送ヘリコプターMCH―101搭載用エンジンの選定、④次期輸送機C―X搭載用エンジンの調達、など8件に上りました。1000億円商権ともいわれたC―Xエンジン調達も私物化していたのです。

しかし、守屋次官をめぐる最大の利権はミサイル防衛（MD）関係であり、その中心には三菱重工業などの幹部が存在しましたが、東京地検特捜部はこの利権構造の解明には切り込まず、守屋次官と宮崎専務のゴルフ接待や小額の金銭授受といった小さな贈収賄事件に切り縮め、捜査を終結してしまいました。

■コンサル料を海外でロンダリング　3億円を隠匿

東京地検特捜部は守屋次官のゴルフ接待などの収賄を立件した後、秋山直紀氏の脱税にもメスを入れました。この脱税事件をおさらいしてみましょう。

「一連の犯行は米国三法人名義の口座を国内防衛商社等からの資金の受け皿として利用し、複雑な口座間移動を繰り返した上、最終的に日本に資金を還流させた」。

2010年1月20日、東京地裁七一八号法廷（朝山芳史裁判長）で、防衛利権を操るフィクサー（黒幕）といわれ、所得税法違反と有印私文書偽造等の罪に問われた社団法人「日米平和・文化交流協会」

元専務理事・秋山直紀被告の論告求刑公判が開かれ、検察側は資金洗浄（ロンダリング）の巧妙な手口を指摘。検察側は懲役3年、罰金3000万円を求刑しました。

論告によると、秋山被告は2003～06年、防衛商社山田洋行、神戸製鋼所、日立製作所に対して、福岡県苅田港および神奈川県寒川町での遺棄化学兵器無害化処理事業への参入に有利な取り計らいを行ない、その報酬としてコンサルタント料名目で3億1432万円を取得し、被告自身が管理する、実体のない米国3法人（「アドバック・インターナショナル・コーポレーション」など）の口座に送金させるなどして隠匿し、9953万円を脱税したとされます。

検察側は「米国3法人には実体がなく米国3法人名義の口座は被告人の管理・支配していた口座である」「国内防衛商社等から米国3法人名義の各口座に入金されるなどした所得が、実質的に被告人に帰属する」と述べ、脱税の手口を詳述しました。米国の3法人にコンサルタント料を振り込んだ企業は、山田洋行の子会社ヤマダインターナショナルコーポレーションや山田洋行系列のエイベックス・ヨーロッパ、神戸製鋼所、日立製作所のほか、旧財閥グループ数社やミサイル防衛システムを開発する米巨大軍事メーカー2社などでした。

2010年3月29日、東京地裁は秋山氏に対して懲役3年執行猶予5年、罰金2700万円の判決を言い渡しました。同年11月22日、東京高裁は一審判決を支持し、秋山氏の控訴を棄却。11年10月12日、最高裁は秋山氏の上告を棄却し、有罪判決が確定しました。

■国際平和戦略研究所が発足　瓜二つの構図

現在、秋山直紀氏が理事を務めている一般社団法人国際平和戦略研究所は、公益法人改革制度に則り、社団法人日米平和・文化交流協会を衣替えしたもので、14年4月に設立しています。同年7月に都内のホテルで開いた設立パーティーでは、「内閣法制局が解釈を改めれば済む程度の話なのです」と代表理事の久間章生元防衛相が6日前の安倍内閣による集団的自衛権行使容認の閣議決定に熱烈な賛同の言葉を送りました。

設立パーティーには自民党の竹本直一元財務副大臣や北村誠吾元防衛副大臣、西銘恒三郎衆院議員、民主党の高木義明元文科相などの国会議員や軍需メーカー関係者を含む250人が参加。しかし、官邸側の反応は鈍く、パーティー会場に現職閣僚の姿は見当たりませんでした。このパーティーの事務局を事実上仕切ったのが秋山直紀氏でした。

防衛利権フィクサーの秋山氏らが動き始めた背景には、2014年4月1日、安倍内閣が半世紀近く続いた、武器全面禁輸政策の武器輸出三原則などを撤廃し、武器輸出の包括的な推進へ方向を転換したことや、7月1日に安倍内閣が集団的自衛権行使の容認を閣議決定し、15年9月にはついに集団的自衛権行使を容認する安保法制を強行成立させたことなどの情勢があります。機を見るに敏な防衛利権フィクサーが安倍政権で息を吹き返したのです。

国際平和戦略研の役員の顔触れは、前身の日米平和・文化交流協会と重複しています。代表理事の久間元防衛相を筆頭に、理事には綿貫民輔元衆院議長、斉藤斗志二元防衛庁長官、西銘恒三郎衆院議員（自民・沖縄4区）らの名前が並びます。国際平和戦略研が事務局を置く首相官邸近くのマンション・パレロワイヤル永田町には、建築資材を扱うDurisol Japan（株）〈以下、Japan社〉、防衛コンサル会社DURISOL DEVELOPMENT（株）〈以下、DURISOL社〉の支店、超党派議員集団「安全保障議員協議会」事務局が入居しており、これら4団体を事実上仕切っているのが秋山氏です。

Japan社の現在の代表取締役は、秋山直紀氏と息子の秋山洋輔氏。取締役は久間元防衛相のほか、綿貫元衆院議長、斉藤元長官、西銘議員（2013年11月退任）などであり、国際平和戦略研とJapan社は役員も重複し、表裏一体の関係にあります。

2010年脱税事件の際と構図も登場人物も瓜二つ。同じパレロワイヤル永田町の一室に日米平和・文化交流協会、安全保障議員協議会、安全保障研究所、アドバック・インターナショナル・コーポレーション、の4団体が同居し、それらを実質的に支配していたのが秋山氏でした。

■モグラ叩きのような事件史「装備庁のエース」にも

防衛省にまつわる汚職事件はこの十数年間を振り返っただけでも数多く存在します。不祥事が明るみに出るたびに対策が叫ばれ、再び不祥事が起こる――。まるでモグラ叩きのような事件の連続です。

1998年、東京地検特捜部は中島洋次郎元衆院議員（故人）を海上自衛隊の飛行艇開発に絡む汚職事件で逮捕。同年、装備品代金を水増し請求したとして調達実施本部（調本）の元本部長らを背任容疑で逮捕。当時の防衛庁は調本を解体し、契約部門などを分離して組織改編を断行しました。

２００６年には、防衛施設庁の官製談合事件が発覚し、特捜部が同庁技術系トップの技術審議官らを逮捕。防衛施設庁は廃止され、防衛省に吸収統合されました。この時に、防衛相が直轄する防衛監察本部が設置されました。

07年には、守屋武昌防衛事務次官が防衛商社山田洋行から過剰なゴルフ接待などを受けた収賄などで立件され、同省は腐敗防止のプロジェクトチームを立ち上げました。

10年にも、航空自衛隊発注のオフィス用品の入札をめぐる官製談合が公正取引委員会から指摘され、空自関係者22人が処分を受けました。同省は事件再発防止策として「入札談合の防止のためのマニュアル」を作成しています。

12年には、防衛省陸上自衛隊の次期多用途ヘリコプター「ＵＨ―Ｘ」の開発事業の入札をめぐる官製談合事件がありました。富士重工業を企画競争入札から排除するため、防衛省と川崎重工業、三菱重工業の3者が談合。事件の度に防止マニュアルなどが作成されますが、喉元過ぎれば熱さを忘れ、汚職は切れ目なく続きます。

15年10月に発足した防衛装備庁に関しては、装備品研究・調達・輸出の効率的な遂行を謳い文句に出発した装備庁が早くも利権の巣窟（そうくつ）になるのではと懸念されています。

不可解な人事がありました。「装備庁のエース」といわれた堀地（ほっち）徹・防衛装備庁装備政策部長が突如、16年7月、南関東防衛局長として異動しました。装備庁発足から1年も経たないうちに地方の局長に飛ばされたわけです。同省関係者の間では異動の理由として諸説が存在します。田母神俊雄元航空幕僚長の選挙買収事件で東京地検が関係先を家宅捜索した際、堀地氏と防衛利権フィクサー・秋山氏の疑惑を示す書類が見つかり、地検の報告を受けて防衛省では火消しに回り異例人事を発令したといわれます。また、堀地氏の航空自衛隊岩国基地関連事業案件への関与説も浮上しています。

■合わせ鏡のような「天下り」と調達受注実績

こうした事件史を振り返ると、普遍的な利権構造の特徴がいくつか浮かび上がります。

年間5兆円を超える防衛予算の中で、軍需メーカーや商社が激しい装備品調達の争奪戦を繰り広げる中で、利権の中枢には、必ずキーマンとなるフィクサー（黒幕）が存在します。秋山直紀氏もその一人。決して表面には出ない黒子役として、コンペや料亭接待などを通じて防衛族議員と防衛省幹部職員を水面下で癒着させ、〝あうんの呼吸〟を構築して受注調整する役回りをしています。

フィクサーが軍需メーカーから受注の見返りとして「コンサルタント料」を名目とした巨額の裏金を受け取り、その資金を海外のペーパーカンパニーを介してマネーロンダリング（資金洗浄）を行ない、防衛族議員らにキックバックする――、こうした巧妙な手口を、秋山脱税事件でも部分的に垣間見ることができました。軍需メーカーはさらに受注の見返りに、防衛省幹部職員の天下りを受け入れるという、メダルの表裏のような癒着構造があります。

防衛省職員の軍事企業への天下りの実態も大きな問題をはらんでいます。

２０１０年度から14年度までの５年間に防衛省幹部退職者合計３６５人（防衛大臣の承認を得て再就職した者）が軍需関連企業に天下っています。ここでいう「大臣の承認を要する」クラスとは一等陸・海・空佐以上の幹部を指します。

この５年間に天下り数が群を抜いて多い企業は、三菱重工業26人、三菱電機23人、日本電気21人、東芝19人、富士通15人、ＩＨＩ（旧石川島播磨重工業）16人、川崎重工業10人、日立製作所11人、小松製作所９人で、天下り人数の多い企業は、調達額も巨額になっています。２０１２年度から14年度の防衛装備品中央調達額は、三菱重工業1兆３６８８億円、川崎重工業７３３２億円、日本電気５４５８億円、三菱電機５３１１億円、富士通２１８８億円、ＩＨＩ２０１３億円、東芝１９４１億円、小松製作所１５７８億円、日立製作所１１１６億円など、天下り人数と装備品調達額の間には一定の相関関係がみられます。

これは５年間だけの数字ですが、もっと長期スパンで分析すれば相関関係はより鮮明になるはずです。守屋次官の事件で舞台となった防衛商社山田洋行の元関係者は「調達受注額が20億円につき１人の天下りを受け入れてきた」と筆者の取材に対して証言しています。

大物防衛官僚や族議員、フィクサーを仲介した調達受注実績と「天下り」の定量的受け入れという〝合わせ鏡〟のような腐敗構造が底流をなしています。

第3部　軍学共同から軍産学複合体に向かう日本

10 「軍学共同」は「軍産複合体」の前哨戦である

西川純子（獨協大学名誉教授）

■「軍学共同」と「軍産複合体」

「軍産複合体」は、軍事的組織と軍事産業の結合関係を示す言葉です。アメリカにならって日本版「軍産複合体」を作ろうとしている日本の政府が、今、そのための突破口として狙いを定めているのが「軍学共同」の導入です。「軍学共同」の阻止は「軍産複合体」の設立を押しとどめるいわば前哨戦だといえます。

「軍学共同」とは、防衛費から研究開発資金を投入して科学者を兵器の生産に取りこもうという企みですから、共同とは名ばかりで、実際には防衛省による科学研究の支配を意味します。

日本の大学には、かつて、産業界と大学が協力して技術教育を高め、生産性向上に努める「産学共同」すら潔しとしないとする気風がありました。第二次世界大戦中に国家の方針に研究者が協力したことへの深い反省から、科学研究はあくまで中立でなければならないという思想が大学人の間に根付いていたのです。

しかし、大学発のベンチャー企業が技術革新の原動力としてもてはやされるようになった昨今では、このような考え方は時代遅れと切り捨てられています。大学の研究がビジネスに開放されたところで、あと一押し、軍事に門戸を開かせてみせようというのが、政府の目論見なのです。

そのために政府は二つの手法を編み出しました。

一つ目は、兵糧攻めです。研究開発費の一部を文部科学省から防衛省に移すことによって、文科省から研究者の手にわたる研究助成金を削減したのです。

二つ目は、技術の〈デュアルユース〉という言葉の魔力によって、研究者の良心を眠らせてしまうことです。基礎的な技術においては軍も民も変わりないのだから、研究費の出処を詮索するのは無意味であるというのがその理屈です。

■アメリカの「軍産複合体」

「軍産複合体」を目指す日本政府が「軍学共同」を突破口にしようとするのはなぜでしょうか。それは「軍産複合体」が科学の力によって支えられていることをアメリカの例から学んでいるからです。

アメリカで「軍産複合体」が生まれたのは、第二次世界大戦直後のことでした。きっかけとなったのは、ソ連邦との間に始まった冷戦下の軍備競争です。原子爆弾とミサイルという異次元の新兵器の開発においてソ連に競り負けることのないよう、アメリカは新兵器の開発・生産に専門的に従事する兵器産業の育成を始めました。新兵器は工場の産物というより科学者の頭脳の産物でしたから、兵器産業には軍事費から総額400億ドルの研究開発費（R&D）が注入され、優秀な科学者が兵器産業に集められました。

誤解があってはならないのは、この場合に兵器の生産を専門的に行なう産業が、営利を目的とする複数の私企業から成り立っていることです。彼らの組織は株式を上場する株式会社であり、株式の所有者にたとえ一部でも政府が含まれることはありません。ただ一つ彼らが普通の企業と異なるのは、生産物である武器を送り出す先が市場ではなく、国防省であることです。唯一の顧客である国防省からいかに多くの契約をとるか、兵器企業の営業努力がこの一点にかかるとすれば、兵器の注文が多いほど望ましく、それを可能にする戦争の方が平和より望ましいことはいうまでもありません。

■アイゼンハワーの警告

アイゼンハワー大統領は、このような恒常的な兵器産業の登場をアメリカにとって最初の歴史的経験であると言いました。1961年、大統領の職を辞するにあたって国民に告別の演説をした後、彼はつぎのように述べています。

「前回の世界戦争までアメリカには兵器産業というものがありませんでした。アメリカの鋤（すき）製造業者は時間さえあれば、必要に応じて刀剣を作ることができたのです。しかし、現在では、緊急事態が起こるたびに即席の国防体制を作るような危険をおかすことは許されません。われわれは恒常的兵器産業を作り出さざるを得なくなっているのです」。

アイゼンハワーは、新兵器の登場によって従来の方式で兵器の生産を行なうことは不可能になったと述べているのです。従来の方式とは平時の産業を総動員して必要な兵器の生産を行なうことであり、第二次世界大戦を戦ったアメリカのおびただしい兵器はまさにこのような方法で調達されました。しかし、兵器が先端科学の産物と化してからは、間に合わせの生産体制ではとても対応できません。高度な技術と生産能力を備え、戦争があってもなくても常に兵器の開発と生産に従事する専門の産業が必要となったのです。

アイゼンハワーが大統領として異色なのは、この恒常的兵器産業の登場を手放しで喜んではいないということです。彼はむしろ恒常的兵器産業が軍事的な組織と結合して強大な権力を掌握するようになることを怖れたのです。彼はこのような結合関係を「軍産複合体」と呼んで、それが将来においてアメリカの自由と民主主義的な手続きを脅かすことのないよう、監視し続けることを国民に要望しました。

■レーガンの軍拡と宇宙予算

それから今日にいたるまで、アメリカの「軍産複合体」はどのような経過をたどったでしょうか。図（138ページ）はアメリカの軍事費がこの間に3つの大きな山を描いていることを示しています。最初の山は60年代のヴェトナム戦争、第2の山は80年代レーガンの軍拡、第3の山は21世紀に入って早々のアフガニスタン・イラク戦争によるものです。兵器の調達費も同じような山を描いていますが、注目を惹くのは、研究開発費が軍事費の山と谷に関係なく、一貫して増え続けていることです。これは恒常的兵器産業が順調に発展していることを意味します。

なかでも第2の山であるレーガン軍拡期は、研究開発費（R&D）が大きく伸びた時でした。ヴェトナム戦争の敗北とその後の経済停滞から抜け出そうとして、レーガン大統領は「強いアメリカ」の再現を訴えました。「強いアメリカ」とは軍事的にソ連を凌駕することですから、レーガンは新鋭兵器の開発のために大規模な軍拡を行なったのです。

戦争でもないのに軍拡を行なう理由を正当化す

■軍事費の推移（1950～2010年）

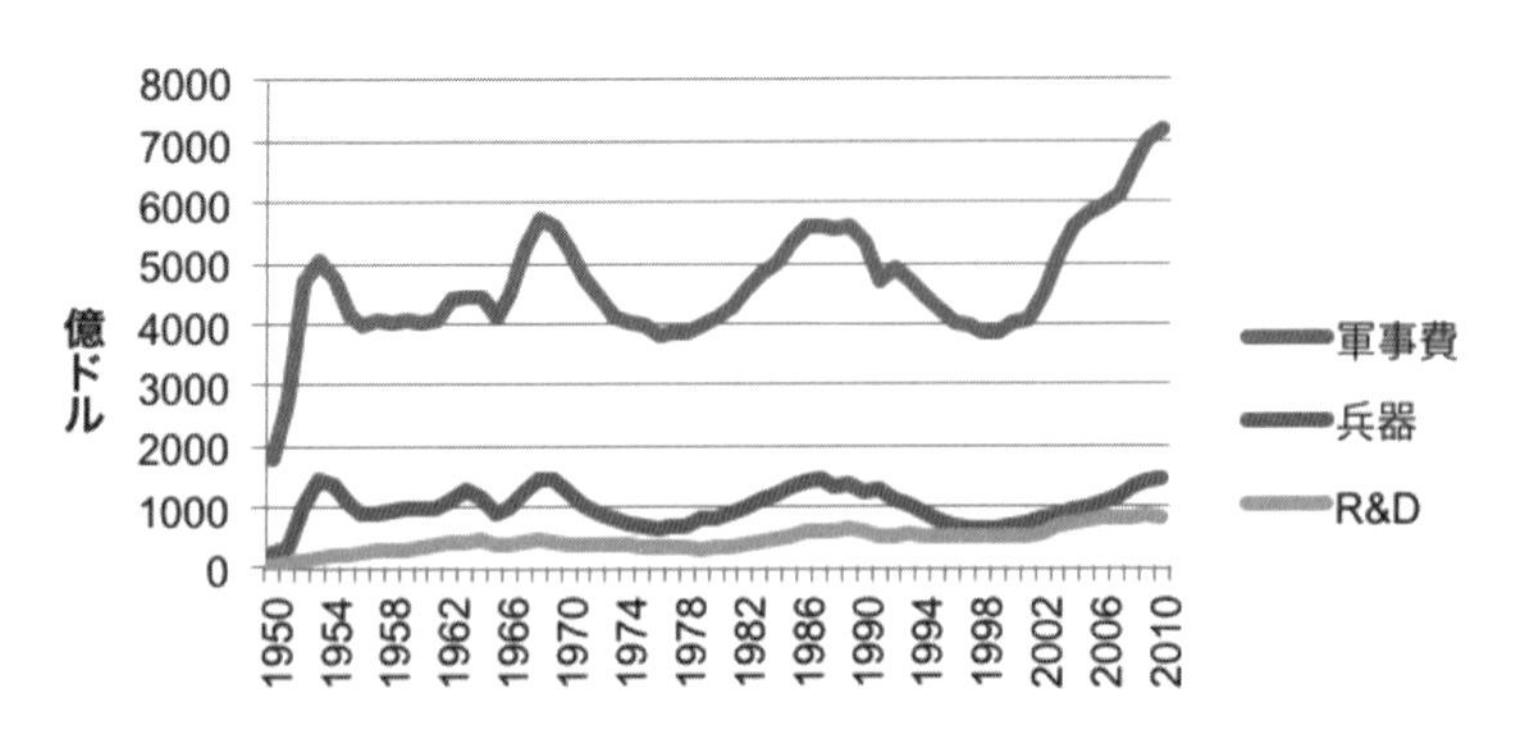

National Defense Budget Estimates,2014 より転載

るために、レーガン大統領が唱えたのはＳＤＩ（戦略的防衛構想）でした。ＳＤＩは敵のミサイルを発射と同時に捕捉し破壊することによって攻撃を未然に防ごうというものです。攻撃に対して報復をするのではなく、攻撃を未然に防ぐためにミサイルを放つというのが、レーガンお気に入りの積極的防衛策でした。しかし、そのためには宇宙の助けが必要です。

■「軍産学連携」

宇宙を地球のミサイル戦争に巻き込むために、レーガンが頼ったのは科学者の頭脳でした。基礎的な研究から応用まで広い範囲の研究開発費（Ｒ＆Ｄ）が宇宙予算という名目で全国の大学と研究機関に行き渡りました。科学者がこの予算を受け入れたのは、そこに人類による宇宙の制覇という輝かしい命題を見いだしたからです。レーガンのいうとおり、宇宙の制覇が地球の平和を導くのなら、彼らに宇宙予算を拒否する理由は見当らなくなります。

宇宙予算の登場によって軍事的科学研究費の配分方法に変化が生まれ、これまでは兵器産業に独占されていた軍事的研究開発費が国防省から直接に科学者の手に渡るようになったのです。これによって兵器生産における科学者の役割が一段と大きくなったことはいうまでもありません。学は軍と産にならんで兵器生産トリオの一角を占めるようになったのです。「軍産複合体」に代わって「軍産学連携」という言葉が使われるようになりました。

この「軍産学連携」という言葉からは戦争のイメージが抜け落ちています。戦争のない状態での兵器生産は人殺しと結びつかないのです。「軍産学連携」が「官産学連携」という言葉と紛れることが多いのはこのためでしょう。軍でも官でも税金で支えられているのだから同じことなのです。「官産学連携」と見分けがつかなくなった「軍産学連携」は、技術革新を進め、雇用を増やし、GDP（国民総生産）を高めることによって経済的にも「強いアメリカ」を実現する新しいシステムとみなされるようになりました。

■クリントンの軍縮と軍民統合

レーガンの軍拡は膨大な財政赤字という代償を払いましたが、結果としては1991年のソ連邦の崩壊を導くことになりました。冷戦が終わり、アメリカとソ連の軍備競争に決着がついたところで、アメリカは第二次世界大戦以来はじめて軍備縮小の時代を迎えます。1993年に登場するクリントン大統領は、4年間で軍事費を30％減らして2500億ドルとする計画をかかげました。

経済の安定を損なわずに軍事費の削減を行なうために、クリントンが進めたのはレーガンと同じく「軍産学連携」です。しかし、彼がレーガンと違うのは、レーガンが湯水のように軍事費を使って「軍産学連携」を立ち上げたのに対して、軍事費の節約のために「軍産学連携」を進めたことです。その手法は「軍民統合」でした。

「軍民統合」とは、軍と民の垣根を極力低くすることによって、相互の技術交流を促すことです。軍と民を隔てていた規制を緩和することによって、レーガン時代に蓄積された最新の軍事用技術が民間に流れ出し、これが刺激となって民間に技術革新が起こりました。これを技術の民間へのスピンオフとすると、民間が開発した技術によって安価な兵器が生産されるようになることはスピンオンです。スピンオンは兵器生産のコストを押し下げるのに役立ちます。

このような相互作用が起こるのは、軍の技術も民の技術も基本的には同じだからであるというのが、クリントン政権の説明でした。技術には軍にも民にも使える「デュアルユース」があるという主張でした。

クリントン政権が巧みだったのは「デュアルユース」という言葉を使って科学者を味方につけたことです。たとえ国防省から研究開発費を受け取っても、その成果が民生にも役立つのであれば、科学者の心は休まります。グラフから明らかなように、軍縮政策のもとで軍事費と兵器調達費が減少したのに、研究開発費は減少どころかむしろ上昇していました。これは軍縮のもとでも科学者の手には潤沢な研究開発費が提供されたことを示しています。「軍産学連携」は一層進展するかにみえました。

■寡占体制

「軍民統合」での成功をよいことに、クリントンはこれをさらに進めて軍から民への産業転換を実現しようとしました。その狙いは兵器産業の規模の縮小です。すぐれた開発力と効率の良い生産システムを持つ少数の兵器企業を選んで、残りは民間の産業に振り向けようというのです。そのためにとられたのが「ボトムアップ」方式でした。

「ボトムアップ」は、何が欲しいかではなく、何が必要かを基準に兵器のリストを積み上げていきます。兵器産業には必要な兵器を作ることのできる企業があれば十分なのです。どの企業が選別されるかは、兵器のリストをみれば一目瞭然です。

クリントンにとっての誤算は、兵器産業から民間に移ることを期待した企業が動かなかったことです。彼らは兵器産業に居残るために、すでに選別され、残留を保証されている企業との合流をはかりました。20世紀最後の大合同（Merger & Acquisition & Divestiture, M&A&D）がこうして始まります。合併するか、吸収されるか、切り離すか、企業の離合集散が終わってみれば、ノースロップ・グラマン、ロッキード・マーチン、レイセオン、ボーイング、ジェネラル・ダイナミクスの5社からなる寡占体制が成立していました。

■大学研究の下請け化

１９９９年において、５大兵器企業が国防省から受注した兵器生産の合計は、２３４億ドル、全体の37％を占めていました。注目すべきは、研究開発費（Ｒ＆Ｄ）においても5社の合計額が１１４億ドル、全体の48％を占めたことです。

研究開発費（Ｒ＆Ｄ）が大企業に集中したことは「軍産学連携」における学の位置づけに変化をもたらしました。大学が受け取る研究開発費が国防省から直接にではなく、企業を通して配分されるルートが開かれたのです。これは「軍産学連携」においては軍と産と互角の関係にあった学が兵器生産トリオの一角から滑り落ちて、兵器産業の下請け的な立場におかれるようになることを意味します。学が抜けることによって「軍産学連携」はふたたび「軍産複合体」に戻ることになります。「軍産複合体」の復活といってもよいでしょう。

■新しい戦争

２００１年に登場する二代目のブッシュ大統領は、クリントンのボトムアップ政策に批判的でした。何が必要なのかを基準にするばかりでは必要な兵器は入手できないというのです。必要な兵器とは、「新しい戦争」に備えて軍事的な転換を可能にする新鋭兵器のことです。「新しい戦争」とは、ネットワーク中心のハイテク戦争のことであり、レーガンが成し遂げられなかったＳＤＩ（戦略的防衛構想）を継承していました。ブッシュは宇宙（Space）と情報（Information）と情報伝達（Intelligence）からなるＳＩＩを戦略の中心に据えることによって、戦争のやり方を転換しようとしたのです。しかし、これには莫大な費用がかかります。

この問題を「解決」してくれたのは、２００１年9月11日のニューヨーク世界貿易センター襲撃事件でした。9・11同時多発テロ事件が追い風となって、議会は４００億ドルの緊急補正予算を無人飛行機、情報機器、位置探知機、照準攻撃用兵器などに投入することに同意しました。

２００１年のアフガニスタンと２００３年のイラクへの侵攻は「新しい戦争」の実験であり、その意味をこめて軍事予算は４０００億ドル台に回復しました。２００７年に研究開発費（Ｒ＆Ｄ）は歴史上はじめて８００億ドルを突破しています。「新しい戦争」にとって必要な新兵器の開発を主として受け持ったのは5大兵器企業と少数の大学でした。

大学ではマサチューセッツ工科大学（ＭＩＴ）が２００９年に17億７０００万ドルの研究開発費（Ｒ＆Ｄ）を国防省から獲得して上位契約者中の5位を占めました。５大兵器企業に匹敵するほどの軍事的研究開発費を受け取ることによって、大学の研究室は兵器生産の実験室となりました。もはや技術の「デュアルユース」という言葉を使って兵器生産とのつながりを隠蔽する必要もありません。

ＭＩＴに続く大学がこれから増えていくことでしょう。兵器産業の下請けよりも独立した兵器の生産者へ上昇転化する方を望ましいとする大学は後を絶たないでしょう。しかし、その先にあるのは「軍産学連携」ではないはずです。大学はすでに学問の府ではなく、兵器産業の一部になっているのですから。

■武器の輸出

新しい戦争は「軍産複合体」の復活に弾みをつけました。復活した「軍産複合体」が以前と異なるのは、寡占体制の成立によって強力になった兵器産業が、国防省に対して強い立場に立つようになったことです。

たとえばロッキード・マーチン社は、次世代戦闘機のF―22とF―35の開発と生産を独占していますが、競争相手がいないために、戦闘機の納期を違えても、コストの上昇を理由に契約価格の増額を申し出ても、国防省は断ることができないのです。またボーイング社では、空軍に民間機をタンカーとしてリースする際に、契約交渉に当たった空軍の担当者を防衛ミサイル・システムの副支配人に迎え入れたことが明るみに出て、社長が辞任する騒ぎがありました。このような不祥事が起こっても、国防省はボーイングを契約から締め出すことができないのです。

極めつきは武器の輸出です。ロッキード・マーチン社がF―35のために国際共同生産を組織することを許されたのは、国家が兵器企業の要求を受け入れたことの一例といえるでしょう。国防省はF―22の輸出は認めませんでしたが、F―35については開発段階からイギリス、イタリア、カナダ、デンマーク、ノルウエー、オランダ、トルコ、オーストラリアの8カ国の共同参加を許しました。参加国が資金を拠出し、これと引き換えにF―35を受け取るこのしくみは、ロッキードにとっては資金調達と市場の確保を約束する一石二鳥の妙案でしたが、たとえ友好国に限るとはいえ、ステルスと垂直離着陸の技術を海外に持ち出すことが国益に資するでしょうか。

ロッキードはF―35の試作が完成した段階で、共同開発に参加していない国にもF―35を販売する権限を要求しました。対象は今のところイスラエル、韓国、日本の3カ国ですが、特に日本の場合には、F―35の購入と引き換えにFACO（Final Assembly and Check Out）という最終組み立てと検査のための生産ラインの施設が許されています。日本にとっては最新鋭の技術を手に入れる絶好のチャンスであり、そのためにこそ武器輸出三原則はあっさりと廃棄されたのですが、アメリカ国防省がこれを許したのは、ロッキード・マーチン社の意向を無視できなかったからです。

海外に市場を広げ、技術を輸出して生産拠点を増やすことをグローバリゼーションというならば、兵器生産のグローバリゼーションは必ず国益と衝突します。兵器産業が営利企業の集合である限り、アメリカの「軍産複合体」にとってこの問題は宿命といえるでしょう。

アメリカを手本と仰ぐ日本政府が、まず見習おうとしているのは「軍産学連携」です。「軍学共同」から始めて科学者を手なづけたら「軍産学連携」を立ち上げて、軍産学の協力がいかに技術革新を促進し、経済成長に役立つかを喧伝(けんでん)することでしょう。たしかなのは、その先に「軍産複合体」があることです。アメリカでは先に登場したのは「軍産複合体」の方でしたが、日本では憲法９条があるために、政府は回り道をせざるを得ないのです。この意味で、「軍学共同」は「軍産複合体」の前哨戦であるということを忘れてはならないのです。

11 なぜ、研究者は軍学共同に加担するのか

池内 了（名古屋大学名誉教授）

安倍内閣が２０１３年12月に発表した３件の閣議決定（国家安全保障戦略、中期防衛力整備計画［平成26年度～平成30年度］、平成26年度以降に係る防衛計画の大綱）が契機となって、デュアルユース技術の利用、軍学共同の本格的推進、軍産複合体の形成と武器輸出の加速、の３点が共通して声高に謳われるようになりました。

それを受けて「軍」セクターである防衛省と「学」セクターである大学や研究開発法人などの研究機関との間の、軍事技術開発のための共同研究が盛んに行なわれるようになっています。共同研究といっても、実際には「学」が「軍」からの資金供与を受けて従属させられていくのが実態で、戦争のための科学研究が跋扈し、学問が軍事化していく危険性があるのです。

本稿では「軍」からの「学」への働きかけの実態を報告するとともに、逆に「なぜ、研究者は軍学共同に加担するか」の疑問に関して、大学や研究機関の研究者の現状や研究者の言い訳などについてまとめました。研究者の多くは「できることなら軍事研究なんかに従事せず、文科省などの学術援助機関からの研究資金で研究を進めたい」と願っています。しかし、防衛省の誘いに乗って軍

事研究に手を染めざるを得ない状況に追い込まれており、その実情を分析しておかねば問題の根本的解決の方向が見いだせないからです。

併せて、1950年と1967年の2度にわたって「戦争のための研究には従事しない」との決議を出した日本学術会議の、50年ぶりに新たに表明した「声明」（および、それに付随する「報告」）について述べ、今後「学」セクターとして成すべきことを提起したいと思います。いったん軍学共同が大学や研究機関に入り込むようになると、日本の科学研究は「人格なき学問、人間性が欠けた学術」へと堕落して、市民から見放されてしまうでしょう。今、「学」が政府や「軍」から自立し自主的で開かれた学術の場であり続けるか、政府や「軍」からの介入を許して軍事研究に加担していくか、その分かれ道にあるのです。

■「軍事研究は発明の母」なのか――DARPA方式

第2次世界大戦において多くの科学者・技術者を動員し、マンハッタン計画のような特殊プロジェクトを推進したアメリカは、引き続き大学や研究機関の軍事開発体制への参加を維持するため、1957年に「高等研究計画局（ARPA）」（後に「国防（Defense）」を最初につけたDARPA）を発足させました。この組織は人工衛星の打ち上げで旧ソ連に先を越されたことがきっかけとなって、国家の科学技術力を富ませるために軍事利用と民生利用をセットとした開発研究を行なうために設立されたものです。

国防高等研究計画局の目的は、「軍事開発名目であれば潤沢な予算が認められやすい」ことを謳い文句にして、民生目的の研究を軍事開発の応用研究へ活用しようということにあります。「軍事研究は発明の母」というわけです。そのために、国防高等研究計画局は年額３０００億円程度の予算を持ち、行なっている活動は、①民生利用の技術開発を調査し、軍事利用できそうな研究課題を選んで資金提供を行なう、②軍事開発テーマを一般公募して、将来軍事装備に役立ちそうなアイデアを採択して資金提供を行なうというものです。率直に言えば、効率的な軍事開発を行なうことが目的なのです。平時において常に研究者を軍事研究に惹きつけておく作戦でもあると言えるでしょう。これを「ＤＡＲＰＡ方式」と呼んでいます。

■軍学共同の2つの方式

このＤＡＲＰＡ方式を日本でも取り入れたのが、防衛省技術研究本部（２０１５年に防衛省防衛装備庁に統合され、その一部門になった）が開始した「技術交流」と「安全保障技術研究推進制度」です。

「技術交流」は、技術研究本部と大学や研究機関が組織的に軍事に関連する技術情報を交換するための事業で、２００４年に開始されて最初は小規模で1年に1件程度の協定参加でしかありませんでした。ところが、２０１３年に安倍内閣の３つの閣議決定がなされて以来急速に増え、２０１４年度14件、15年度は18件、16年度と17年度には23件に上る交流協定が結ばれています（継続を含む）。

特に、宇宙航空研究開発機構（ＪＡＸＡ）は7件もの課題で技術交流を行なっており、突出した協力ぶりです。宇宙の軍事化が急速に進んでいる証拠と言えるでしょう。しかし、今のところ「技術交流」には直接の予算措置は取られていないようですから、本稿では述べません。

もう一つの「安全保障技術研究推進制度」は、防衛省が創設した競争的資金制度で、軍事装備品の技術開発の提案を全国の研究者に募集し、研究費の支給を通じて（つまり研究費を餌にして）軍事研究に誘い込んでいく制度です。

防衛省の解説パンフレットによれば、この制度は「装備品への適用面から着目される大学、独立行政法人の研究機関や企業等における独創的な研究を発掘し、将来有望な研究を育成するため」という目的のために、防衛省が２０１５年度から3億円の予算で開始し、16年度には6億円に予算を倍増し、17年度にはなんと１１０億円もの予算に拡充しました。

「公募要領」には「防衛装備品そのものの開発ではなく、将来の装備品に応用できる可能性のある萌芽的な技術を対象」と書かれており、いかにも防衛（軍事）装備品開発の印象を弱めようと腐心した文章になっていますが、防衛省の募集であるかぎり本旨は解説パンフにある通り、装備品の開発が主目的であることは明らかです。

さらに、この解説パンフではデュアルユース技術であることを強調し、軍事利用のみならず民生利用にも同等に使われることを売り物にして研究者の気を惹こうとしています。しかし、以下に見るように、その実態は研究者が民生利用のために開発した技術を軍事利用のために横取りしようということにあり、民生利用については冷たい態度です。まさに閣議決定された「防衛力整備計画」の文言にあるように、「防衛にも応用可能な民生技術（デュアルユース技術）の積極的活用に努める」こと、つまり民生から軍事へのスピンオンが主目的なのです。

そのことは、このパンフの「得られた成果（デュアルユース技術）」として挙げられている項目を見れば明らかです。防衛省が関わる「将来装備に向けた研究開発で活用」には、「我が国の防衛」「災害派遣」「国際平和協力活動」の3つが列挙されていて、自衛やPKOの実戦活動ですぐにでも使うことが想定されています。まさに軍事利用なのです。

他方、委託先（応募者）が関わる部分は「民生分野で活用」とそっけなく書かれているのみで、その後の活用はすべて研究者の側に任されています。つまり、防衛省は民生分野への活用にはまったく関心を持たず、公募要領の文章にあるように「民生分野で活用されることを期待します」という程度にしか興味を持っていないのです。「デュアルユース」は看板のみで、実際には防衛装備品開発にしか興味はないことは明らかです。

防衛省が民生利用の実用研究にまで助成することを期待するのはまったくの幻想で、防衛省のプログラムはもっぱら民生技術の軍事利用への転用に集中していることは明らかです。

■「安全保障技術研究推進制度」の2017年度公募要領の問題点

この公募要領の冒頭に、

本制度の運営においては、

・受託者による研究成果の公表を制限することはありません。

・特定秘密を始めとする秘密を受託者に提供することはありません。

・研究成果を特定秘密を始めとする秘密に指定することはありません。

・プログラムオフィサーが研究内容に介入することはありません。

と、わざわざ黄色地に赤字で目立つように書かれています。

始めの3項目は、後述するように、２０１６年11月18日の日本学術会議の第6回「安全保障と学術に関する検討委員会」で防衛装備庁が問い詰められて、成果の公開と特定秘密保護法に関わることについて明示することを約束した事柄です。４つ目のプログラムオフィサーに関わる問題もさまざまに批判されて、やむなく付け加えたものです。この表現についての問題点は以下に述べますが、これをわざわざ掲げたのは研究者側が持つ疑問点をやわらげるために、あえて付け加えたものと思われます。

①制度の概要

「安全保障技術研究推進制度」のしくみは、

（１）防衛省が研究テーマを提示（２０１５年度は28件、16年度は20件、17年度は30件）

（２）それに対し研究者が技術的解決策を提案（応募）

（３）防衛省評価委員会で審査して採択課題を決定
（４）採択されたテーマは、防衛省から研究機関へ研究委託（公的に受託するのは研究機関長、応募した研究者は研究受託者）
（５）研究継続期間中（通常は３年間）防衛省所属のプログラムオフィサー（ＰＯ）が進捗状況の管理や予算執行などのチェックを行なう

という段取りになっています。

通常の産学共同と同じようなシステムに見えますが、根本的に異なる点は、これらの委託―受託契約が防衛省のイニシアティブに基づいて防衛省作成の書式に則って行なわれ、防衛省職員のＰＯが傍に付いて管理を行なうことを可能にしている点です。

産学共同の場合には、「共同研究協定書」によって、研究発表・成果の公表の条件が企業と研究者の間に取り交わされます。基本的には研究者の自由に任されるのが普通なのですが、軍学共同では防衛省所属のＰＯが介入し、有無を言わせず防衛省ペースで進めることができるのです。

表Ⅰ（１５４ページ）に２０１６年度の募集テーマ、表Ⅱ（１５５ページ）に２０１７年度の募集テーマを掲げておきます。容易に気づくことは、表Ⅰの16年度では具体的・直観的で、どのような装備に使い、どのような効果を期待しているかがすぐに予想できそうでしたが、表Ⅱの17年度になると一般的・間接的な表現に変え、装備開発とは関係なさそうなテーマにして、すべてに「基礎研究」を付けていることです。いかにも穏便な印象を与えるように腐心していることがわかります。

また、工学分野だけでなく、応用化学や応用物理学など理学分野からの応募が可能なものにしていることも特徴的です。２０１７年度から大型の開発研究を始めるために、直截（ちょくせつ）的な解決策を求める具体的な課題よりも、時間と予算をかけてじっくり取り組むテーマを求めているのでしょうか。

②募集する研究の概要

２０１７年度に予算規模が１１０億円となったことにより、募集する研究の枠組みについては、次の３つ

■表１　防衛装備庁が提示する2016年度の研究テーマ

1	革新的な反射制御技術を用いた光学センサの高度化に関する基礎技術
2	レーザシステム用光源の高性能化
3	光波等を用いた化学物質及び生物由来粒子の遠隔検知
4	機能性多孔質物質を活用した新しい吸着材料
5	再生エネルギー小型発電に関する基礎技術
6	赤外線の放射率を低減する素材
7	高出力電池に関する基礎技術
8	革新的な技術を用いた電波特性の制御
9	移動体通信ネットワークの高性能化
10	音響・可視光以外の手法による広指向性の水中通信
11	合成開口レーダの分解能向上
12	画像の持つ特徴量を活用した革新的な対象物体抽出技術
13	革新的な手法を用いたサイバー攻撃自動対処
14	遠隔作業を円滑化するための触覚／力覚提示に関する基礎技術
15	昆虫あるいは小鳥サイズの小型飛行体実現に資する基礎技術
16	水中移動を高速化する流体抵抗低減
17	革新的原理に基づく音波の散乱・透過特性の制御技術
18	高温・高圧環境下で用いられる金属の表面処理
19	3D造形による軽量で高耐熱性を持つ材料
20	複合材料を用いた接着構造の非破壊検査

■表 II　防衛装備庁が提示する 2017 年度の研究テーマ

1	複合材接着構造における接着界面状態と接着力発現に関する基礎研究
2	大型構造物の異材接合に関する基礎研究
3	複雑な海域・海象における船舶等の設計最適化に関する基礎研究
4	赤外線光学材料に関する基礎研究
5	冷却原子気体を利用した超高性能センサ技術に関する基礎研究
6	大気補償光学に関する基礎研究
7	外乱に影響されないアクティブイメージング技術に関する基礎研究
8	高出力レーザに関する基礎研究
9	電波吸収材に関する基礎研究
10	高出力・高周波半導体技術に関する基礎研究
11	大電流スイッチング技術に関する基礎研究
12	高密度電力貯蔵技術に関する基礎研究
13	生物化学センサに関する基礎研究
14	音波の散乱・透過特性の制御技術に関する基礎研究
15	音波や磁気によらない水中センシング技術に関する基礎研究
16	地中埋設物探知技術に関する基礎研究
17	非接触生体情報検知センサ技術に関する基礎研究
18	超小型センサーチップ実現に関する基礎研究
19	高速化演算手法に関する基礎研究
20	移動体通信ネットワークの高性能化に関する基礎研究
21	自動的なサイバー防護技術に関する基礎研究
22	対象物体自動抽出技術に関する基礎研究
23	人と人工知能との協働に関する基礎研究
24	人工的な身体性システム実現に関する基礎研究
25	生物を模擬した小型飛行体実現に関する基礎研究
26	従来の耐熱温度を超える高温耐熱材料に関する基礎研究
27	デトネーションエンジンの出力制御・可変技術に関する基礎研究
28	極超音速領域におけるエンジン燃焼特性や気流特性の把握に関する基礎研究
29	航空機用ジェットエンジンの性能向上に関する基礎研究
30	水上船舶の性能向上に関する基礎研究

のタイプがあります。

タイプA：年間3900万円が上限

タイプB：年間1300万円が上限

研究期間は3カ年で、1、2年間のものも可とし、過去と同程度の件数で約3億円を新規に充てる。年度ごとの委託契約を結ぶ。

タイプS：5年間当たりで20億円が上限

研究期間は、原則5年（5カ年未満には協議が必要）、8件程度を採択予定で、2017年度は約12億円とし、後年度負担を約88億円とし、研究期間全体を通じた複数年度契約とする。

ということになっています。従来型のタイプA、Bの予算は総計9億円（新規分3億円、継続分6億円）で、2015年度3億円、16年度6億円、17年度9億円と、年間10件程度を新規採用し、3カ年で交替させて総計30件程度を維持する予定と思われます。

これに対して、タイプSは5カ年継続で最大20億円と大型で、かつ本腰を据えた開発研究とするために、

①大規模な試作や試験が必要な研究、又は試作や試験を数多く繰り返す必要がある研究

②複数の研究機関や分野をまたいだ研究実施体制の構築や複数の研究計画の組み合わせを実施・管理する必要のある研究

という研究課題の類型を示しています。後年度負担に88億円も回しているように、採択テーマ・

研究機関・期間・予算額については、時間をかけて選択していく予定だと思われます。

③成果の公表

誰しも軍事研究は必然的に秘密研究になるとの懸念を抱きますが、そう思われることを警戒して、パンフレットには「成果が公開可能であることを原則としており」と書かれていました。さらに昨年までの公募要領では、「外部への公開が可能です」と「原則」から「可能」にトーンダウンし、研究期間中の成果公開については「お互いに確認する」「事前に届ける」「事前に通知する」と異なった書き方になっていました。

さらに、「委託契約事務処理要領」においては、第31条で「発表の内容、時期等について、他の当事者の書面による事前の承諾を得るものとする」と書かれ、「契約書」では第35条で「発表及び公開にあたっては、その内容についてあらかじめ甲に確認するものとする」と書かれていました。

幻惑するかのようにさまざまな書き方をしており、これでは「公開が原則」は単なるリップサービスで、実際には防衛装備庁の許可なり確認を受けなければ公開することができないではないか、と私は11月18日の委員会で指摘しました。その結果、冒頭にあるような「研究成果の公表を制限することはありません」という文言に統一することを装備庁が約束したのです。

しかしながら、17年度の公募要領の「1・4本制度のポイント」の「（1）成果の公表について」において、「研究成果公表の際は、研究の円滑な進捗状況の確認の観点から、あらかじめ防衛装備庁に通知していただくこととしており」と書かれていて、やはり公表には装備庁に前もって通知し、承認・確認・許可・同意など何らかのチェックを経なければならないと想像できます。また「事務処理要領」には、「公表する内容は、あらかじめ装備庁に通知するものとする」とあります。なぜ「成果の公表・公開は完全に自由です」と書かないのでしょうか。

要するに、成果の途中経過は自由に発表することができず、必ず防衛省による事前の承認を得る必要があるということです。「いざ」となれば公開に「不同意」だとして機密扱いにしてしまう余地を残すためと思われます。このように、見かけの言葉を安易に受け取らず、十分用心して、どのような状況になる可能性があるかを想像しなければなりません。

軍事技術の場合、いったん秘密事項になってしまうと、もはや公開されることはありません。公開されると、その軍事技術がどこで使われ、弱点はどこにあるかがわかってしまうからです。軍事研究は必然的に秘密が付き纏うことは明らかで、その一部でも漏らせば秘密漏洩罪に問われる危険性があることを十分覚悟すべきなのです。

「本制度による委託業務実施の過程で生じたいかなる研究結果についても、特定秘密その他秘密に指定することはありません」と書かれているのだから、秘密漏洩罪は適用されないと考える向きがあるかもしれません。しかし、内閣情報調査室の規定では「防衛省は特定秘密保護法の指定権限を持つ」わけですから、「法律として国家秘密に指定する」と防衛省が決定してしまえば、公募要領に書かれた約束は吹っ飛んでしまうことに注意しなければなりません。これもリップサービスとして受け取っておいた方が無難です。

④プログラムオフィサーの進捗管理

もう1つ、わざわざ「プログラムオフィサーが研究内容に介入することはありません」と書いていますが、これも口先だけのことと考えられます。というのは、公募要領の「3・1　研究の進め方」の（1）に、「ＰＯが行う進捗管理は、研究の円滑な実施の観点から、必要に応じ、研究計画や研究内容について調整、助言又は指導を行うものとしています」と書かれているからです。これが研究内容に介入することに他ならないことは誰にもわかるでしょう。

むろん、そのすぐ後ろに「ただし、指導を行うときは、研究費の不正な使用及び不正な受給並びに研究活動における不正行為を未然に防止する必要があるとＰＯが認めた場合のみとしています。また、研究実施主体はあくまでも研究実施者であることを十分に尊重して行うこととしており、ＰＯが、研究実施者の意思に反して研究計画を変更させることはありません」と書かれているので、研究内容に介入することはないと解釈するかもしれません。

しかし、ＰＯが強い言葉で「研究計画や研究内容に調整、助言又は指導」を行えば研究実施者は従わざるを得ず、しかし本人の意思で変更したことになるでしょう。何しろ、研究資金の支給については、ＰＯに権限があり、対等な関係ではないのですから。

このように、防衛装備庁所属の研究者（職員）がＰＯになるということの意味をしっかり押さえておく必要があります。

■過去2年間の採択結果

２０１５年の「安全保障技術研究推進制度」では、応募総数が１０９件であったのに対し、採択は９件（大学等４件／応募数58件、公的研究機関３件／22件、企業２件／29件）でした。10倍以上の競争率で、研究者の関心が高く応募意欲が高かったことが窺えます。また、15年度は最初の募集ということもあり、他大学の様子見をして応募しなかった大学も多くあったと思われます。軍事研究を行なう大学と名指しされることを恐れた可能性があるからです。

だから、16年度の応募はもっと多くなると予想したのですが、実際には応募総数は44件と前年の半分以下に激減しました。採択は10

■表Ⅲ　「安全保障技術研究推進制度」で採択された課題

Ⅲ－１　2015年度採択課題（９件）

研究代表者	所属機関	研究課題名
田中拓男	理化学研究所	ダークメタマテリアルを用いた等方的広帯域吸収体
中村哲一	富士通	ヘテロ構造最適化による高周波デバイスの高出力化
永尾陽典	神奈川工科大学	構造軽量化を目指した接着部の信頼性および強度向上に関する研究
田口秀之	JAXA	極超音速複合サイクルエンジンの概念設計と極超音速推進性能の実験的検証
小柳芳雄	パナソニック	海中ワイヤレス電力伝送技術開発
澤　隆雄	JAMSTEC	光電子増倍管を用いた適応型水中光無線通信の研究
島田政信	東京電機大学	無人機搭載 SAR のリピートパスインターフェロメトリ MTI に係る研究
加藤　亮	豊橋技術科学大学	超高吸着性ポリマーナノファイバー有害ガス吸着シートの開発
吉川邦夫	東京工業大学	可搬式超小型バイオマスガス化発電システムの開発

件（大学5件／23件、公的研究機関2件／11件、企業等3件／10件）でした。初年度よりこの制度のことがより広く知れ渡り、3億円であった予算が6億円に倍増され、応募しやすいようにとAクラス3000万円以下、Bクラス1000万円以下と2種類に分けて小口も受け付け、公募要領を実に低姿勢に書き換えたにもかかわらず、応募数が激減したのです。

表Ⅲは「安全保障技術研究推進制度」（2015年度と16年度）に採択された課題をまとめたものです。防衛装備品に適用可能な技術として、応募者が熱心に検討したことがよくわかります。防衛省に採用されよう

Ⅲ－2　2016年度採択課題（10件）

研究代表者	所属機関	研究課題名
藤田雅之	レーザー技術総研	ゼロフォノンライン励起新型高出力 Yb:YAG セラミックレーザ
山田裕介	大阪市立大学	吸着能と加水分解反応に対する触媒活性を持つ多孔性ナノ粒子集合体
飯田　努	東京理科大	軽量かつ環境低負荷な熱電材料によるフェイルセーフ熱電池の開発
長田　実	物質・材料研究機構	酸化物原子膜を利用した電波特性の制御とクローキング技術への応用
山口　功	日本電気	海中での長距離・大容量伝送が可能な小型・広帯域海中アンテナの研究
遠山茂樹	東京農工大	超多自由度メッシュロボットによる触覚／力覚提示
内藤昌信	物質・材料研究機構	海棲生物の高速泳動に倣う水中移動体の高速化バブルコーティング
村井祐一	北海道大学	マイクロバブルの乱流境界層中への混入による摩擦抵抗の低減
吉村敏彦	山口東京理科大	超高温高圧キャビテーション処理による耐クラック性能・耐腐食性の向上
荻村晃示	三菱重工業	LMD（Laser Metal Deposition）方式による傾斜機能材料の３D造形技術の研究

と思えば、当然軍として何を望んでいるかを予測して提案するのは当然で、知らず知らずの間に軍事研究へと引き込まれていくのです。

なぜ、2016年度の応募数がこれほど減ったのでしょうか？　さまざまなメディア（特に地方紙）がこの問題を取り上げて市民に提起したこと、私たちの反対運動によって軍学共同の危険性が知られるようになったこと、安全保障関連法案に反対する運動の広がりで日本の軍事化への警戒心が強まったこと、などの要因で研究者の警戒心が強まったのではないかと考えられます。

また皮肉にも、防衛省が低姿勢になればなるほど、かえって何か魂胆を隠しているのではないかとの疑心暗鬼を招いたこともあるでしょう。昨年は応募したが今年は出さなかったという研究者も多くいたためです。

さらに、評価（審査）委員と採択された研究者が同じ所属であるケースが、15年は採択9件のうち3件、16年は採択10件のうち4件もあり、審査の公正性が疑われることもあります。私たちは、この競争的資金制度への応募者がゼロになり、制度が立ち行かなくなるまで運動を続けていくつもりです。

しかし、研究者が軍事研究に携わろうとするには理由があります。そのことについて私の意見を述べておきたいと思います。

■なぜ、研究者は軍学共同に加担するのか

①研究者版経済的徴兵制

今、大学や研究機関の研究者の多くは研究費不足に悩んでおり、たとえ軍からの資金であっても研究費が欲しいと考えている人が多くいます。その根本原因は、「第一期科学技術基本計画」（１９９６年）に日本の科学技術政策として「選択と集中」が掲げられ「経常的研究経費を削減して競争的資金へとシフトする」という方針が書き込まれたことにあるでしょう。要するに、研究費をいろんな分野に幅広く配分するのではなく「選択」した分野に競争的資金という形で「集中」するという方針です。万遍なく研究費を配分するのは「知恵のないバラマキ行政」だから無意味で、「実情を精査してメリハリをつける」という口実が使われましたが、その結果として、選ばれた分野の選ばれた研究者には多くの研究費が集中するけれど、それ以外の多数の分野の多数の研究者は日常の研究費にも事欠くような事態が生じることになったのです（「選択と集中」は、企業が多角的に行なっている事業への力点を、時代の要請に合わせて変化させる手法で、それを学問の教育・研究分野に適用するという荒唐無稽な政策と言えるでしょう）。

研究者の常として「研究費が多い＝研究の自由度が大きい」と考える傾向があり、逆に研究費が欠乏するようになると研究の自由が奪われてしまうと思い込み、ひたすら焦ることになります。現在のような競争原理が熾烈に貫徹している時代では、競争的資金を獲得するためには論文を発表しなければならず、そのためには研究費が不可欠です。ところが、いったん研究費が途絶えると研究ができず、従って論文が書けず、ますます研究費の獲得が困難になり、ついには研究者として落ちこぼれるしかありません。そのような羽目に陥らないためには、軍事研究のためだって構わない、ということになってしまうのです。

私は、このような研究者の状態を「研究者版経済的徴兵制」と呼んでいます。アメリカで家庭が貧しいため進学を諦めねばならない子供たちが、兵役に就けば大学へ行けるとか資格が取れるとかの甘言に乗せられて軍隊に志願する「経済的徴兵制」に似て、研究者が軍事研究を行なえば研究資金が得られ、研究が続行できると誘われる状況に追い詰められているからです。

実際、文科省もこの政策に同調し、国立大学の運営費交付金を削減する(経常研究費をカットする)ことによって、研究者を軍事研究に誘導しているかのようです。日本の学術研究の舵を取っている文科省として、さていつまでこのような政策を続けるつもりなのでしょうか。

②自衛のための軍事研究は許される

多くの科学者は、「大量破壊兵器への協力は拒否するが、攻め込んでくる敵を抑止するため、つまり専守防衛のための軍備は必要」という意見の持ち主です。大量破壊兵器には協力しないと言うので、いかにも平和論者のようですが、この議論には重大な間違いがあります。今や、集団的自衛権を行使する国となってしまった日本ですから、専守防衛ではあり得ず、同盟国のアメリカのためなら武力攻撃にも参加しかねない国となってしまった状態では、「自衛のための軍事」研究が成立しないのは言わずもがなでしょう。

それ以前に、この論には重大な誤謬（ごびゅう）があります。防御のための軍事であってもそれは必ず攻撃力とセットになっており、（仮想の）敵の攻撃力が強化されたと見なせば防御力を強化する必要があり、そうすると（仮想の）敵は攻撃力を強化すると思われるから、防御力もいっそう強化しなければならず……というふうに、この競争はどんどんエスカレートしていくことを忘れていることです。そもそも防御と攻撃とは明確に区別することができず、双方とも敵より優位であろうと競い合うのです。結局、最後は大量破壊兵器（つまり核兵器）で国を守ることになってしまうでしょう。

現実に、２０１６年３月の参議院で内閣法制局長官が「憲法の範囲内では小型核兵器の保有と使用は許されているが、非核三原則という政策上の判断で核兵器の保有や使用は禁じられている」と答え、さらに安倍内閣も同じことを４月に閣議決定しました。自衛だといっても際限なく軍備は拡大していくことがわかると思います。そもそも軍備に依存した平和はないと知るべきです。事実、いかなる戦争も「わが国の防衛のため」に開始されてきたことを忘れてはなりません。

科学者はいつでも手を引くことができ、軍備の拡大に対して反対の立場に立てると（善意で）思っている人が多いのですが、実際に軍拡競争に巻き込まれてしまうと易々と手を引くことはできなくなります。もし戦争が始まれば、戦時体制に組み込まれることは確実で、科学者本人もそれに共鳴して好戦論者になりかねないでしょう。果たして、そんなことには絶対ならないと誰が言えるのでしょうか。

③デュアルユースだから

研究者が頻繁に使う言い訳です。いかなる科学技術も、民生（平和）利用にも軍事（戦争）利用にも使えることから、開発段階ではその区別がつかず、はっきり区分けができない（デュアルな）のだから、軍事利用の可能性があるからといって禁止できない、というものです。

実際、いかなる科学技術もデュアルユースであることは確かです。しかし、この言い訳に対しては、文科省など学術機関からの研究資金で自由な発表を前提とした開発研究は民生利用であり、防衛省など軍からの研究資金で秘密研究になる可能性が高い開発研究は軍事利用である、と明快に線が引けると思います。研究の「資金源」と「目的」と「公開性」、その3点で民生研究か軍事研究かの区別がつきますから、それをメルクマール（指標）とすればいいのです。

防衛省が拠出する資金は、民生品として開発している大学や研究機関の技術を軍事のために開発・活用しようというわけですから、民生利用⇩軍事利用への流れ（スピンオン）であることは明らかです。だから、むしろ人々の幸福のための民生技術開発から遠ざけていく（有用な技術を軍が横取りする）ことを意味します。

GPSとかインターネットなどデュアルユースの成果だと世間で言われているものは、軍事利用されていた技術が民生に利用され（スピンオフ）、実際に人々の生活を豊かにしているケースが多くあります。それは否定できません。しかし、それは軍が国民の税金である予算を潤沢に使えて、軍事目的のために開発したものであることを忘れてはなりません。それをさんざん軍事利用して賞味期限が過ぎた技術を、いかにも軍がお恵みを与えるかのような態度で民間に開放しているものですから、私たちはありがたがる必要はないのです。そもそも国民の税金で開発されたものですから、軍が独占してきたことがおかしいのです。

また軍事的判断によって無用となった（あるいは装備情報が知られてしまった）ものが民間に開放されただけで、一般市民たる私たちがその方針に介入できることではないことに注意する必要があります。事実、民間に開放すればもっと人々の生活を豊かにできるだろうけれど軍事上の都合で開放しないとか、逆に多くの金をかけて開発したのだがまったくムダで秘密裏に廃棄してしまったというものも多くあるでしょう。軍に機密はつきものですから、私たちはそれらの実態を知らされないでおり、デュアルユースという見かけだけの言葉によって軍に翻弄されていると言えるかもしれません。

他方、デュアルユースを理由にして、「自分は技術開発しただけで、実際に戦争に使うのは政治家や軍人たちであり、責任は自分にはない」という言い訳があります。マンハッタン計画に参加した研究者もこの逃げ口上を使いました。「私＝作る人、軍人＝使う人」というわけですが、果たして作った人にはそれが及ぼした害悪の責任はないのでしょうか。自分が作る過程で、その使い方やどのような結果をもたらすかについて想像するのが当然だと思います。それを頭に入れて最も効果的に性能を発揮するよう工夫して製作したはずですから。そうであるなら、その使用に対して人道的立場から「このような使い方はしてほしくない」と言えるはずです。つまり、科学者・技術者として使い方にまで自分の責任は及ぶと考えるのが専門家の社会的責任と言うべきでしょう。

以上の３つの言い訳以外に、まだ他にも軍事研究に加担する研究者の言い分はあるかもしれませんが、自分は「誰のため、何のため」研究をしているのか、という研究者の原点に立ち戻って考えることが必要だと思います。現代は科学者・技術者の倫理規範が強く求められている時代であり、特に軍事研究に対する関わりこそ科学倫理の行方を判断するリトマス試験紙になるのではないでしょうか。

■日本学術会議の50年ぶりの「声明」

日本の学術界が公式には軍学共同に関係してこなかったのは、１９５０年と67年の2度にわたって日本学術会議が「戦争に（軍事に）関わる研究には絶対に従事しない」旨の総会決議を出したことにあります。第2次世界大戦前までは明治以来の富国強兵政策に協力し、戦争中は軍事動員に従って戦争遂行に協力したことを反省してのことでした。米軍からの資金導入問題などもありましたが、戦後、日本の学術は曲がりながらも大っぴらには軍事研究に協力してこなかったのです。

しかし、安全保障技術研究推進制度ができて研究者の軍事研究への一本釣りが始まったのですから、日本学術会議としてもこのような制度に抗議する姿勢を示すべきでしょう。そう考えて私は、この制度がまだ動き出す前の２０１４年8月に大西隆日本学術会議会長に対して、この問題に積極的に対応するよう勧告する手紙を出しました。10月に来たその返事は、「２つの決議は踏襲する。しかし、１９５０年決議の時代から情勢が変化して日本は専守防衛を国是としたのだから、自衛のための研究は許される」という矛盾したものでした。

それどころか、集団的自衛権の行使容認と安全保障法制度の成立で、同盟国の軍隊に加勢して自衛隊が派遣できるようになったという事態によって、日本の防衛という意味が大きく変質しようとしていることがまったく考えられていないのです。

学術の世界は社会情勢など環境の変化とは関わりなく、学問の独立を守り、世界の平和と人々の幸福のための研究に邁進(まいしん)するという目標は変わらないはずです。学問の原点は、世間の流行に合わせてスカートの丈を変えるようなものではないからです。その意味では、日本の学術が軍に従属して再び戦前・戦中の愚を繰り返すのか、研究者としての矜持(きょうじ)を保って戦争のための研究には従事しないことを貫くのかが問われている、そう考えて私は軍学共同反対の運動に飛び込みました。

その後の会長の新聞やテレビでの言動は軍事研究許容論のままで、あたかも日本学術会議として軍事研究を許容するかのようでありました。しかし、会長の意見について反発する会員から２０１５年の秋と16年の春の総会で多くの意見が出され、ようやく5月20日に「安全保障と学術に関する検討委員会」を設置することが決まり、日本学術会議としてオープンな議論が開始されることになりました。その後、11回の委員会や市民も参加した「学術フォーラム」が開かれ、17年３月24日に「軍事的安全保障研究に関する声明」が決議され、４月13日に議論の背景を集約した「軍事的安全保障研究について」とする「報告」が出されました。以下では、簡単にその内容をまとめておきましょう。

①「報告」の概要

まず、この「声明」と「報告」に「軍事的安全保障研究」という聞きなれない言葉が使われている理由について述べておかねばなりません。

軍事研究と呼べば簡明なのですが、その言葉を大西会長が忌避したこともあって苦肉の策で選ばれたのですが、現在やたらに使われるようになった「安全保障」の内実を広く捉えるためには好都合であったかもしれません。

実際に、安全保障という言葉が頻繁に使われていますが、その内容については人により、あるいは状況により、異なった意味で使われていて混乱をきたすこともあります。そこで、安全保障概念を大きく「国家の安全保障」と「人間の安全保障」に区分し、さらに前者を「政治・外交的な手段による安全保障」と「軍事的な手段による安全保障」に区分します。そうすると、それぞれの安全保障の意味が限定され、共通のイメージを持つことが可能になります。その中で、学術の健全な発展への影響が大きいのは軍事的な手段による国家の安全保障の分野であり、この分野に関わる研究を「軍事的安全保障研究」と呼び、防衛装備庁の研究委託研究はこれに含まれると定義したのです。

そして、軍事的安全保障研究に含まれ得るのは、

ア　軍事利用を直接に研究目的とする研究

イ　研究資金の出所が軍事関連機関である研究
ウ　研究の成果が軍事的に利用される可能性がある研究
の３つのカテゴリーが考えられ、特に防衛装備庁の制度の目的とされるウについて慎重な対応が求められるとしています。つまり、この制度を問題にすることを宣言しているのです。

そこで強調していることは、基礎研究であれば一律に軍事的安全保障研究にはあたらないわけではなく、軍事利用につなげることを目的とする基礎研究は軍事的安全保障研究の一環であるとしたことです。そして、軍事的安全保障研究に関わる技術研究に自衛目的と攻撃目的の区別ができ、自衛目的の技術研究は認められるとの意見がありますが、それらの区別は困難です。また、研究成果がいかなる目的に使用されるかを全面的に管理することは難しいので、まず「入り口」で管理することが必要だと明確に線を引いたのです。

公開性に関して、軍事的安全保障研究においては研究過程・研究後のいずれにおいても秘密性の保持が高度に要求されがちで、自由な研究環境の維持について懸念があると注意を与えています。そして、大学等の研究機関は自由な研究環境や教育環境を維持する責任を負うことから、軍事的安全保障研究と見なされる可能性のある研究については、その適切性について技術的・倫理的に審査する制度を設けることが望ましいとの勧告をしています。

要するに、学術の健全な発展のためには、科学者の研究の自主性・自律性、研究成果の公開性が尊重されねばならず、それが可能な民生的な研究資金を充実させていくことが必要ということを強調しているのです。

②「声明」の概要

以上の「報告」を基礎にし、そのエッセンスをまとめたのが「声明」なのですが、ここではその主張の要点に従ってまとめておきましょう。

まず、日本学術会議として、軍事的安全保障研究が学問の自由及び学術の健全な発展と緊張関係にあることを確認し、1950年と67年に出した2つの声明を「継承する」と宣言しています。通常、「堅持」するという言葉を使うことが多いのですが、堅持ではそのまま維持するだけというニュアンスが強く、あえて「継承」としたのはこれが終着点ではなく継続発展させるものという意味が込められているということです。

続いて、現在問題になっている軍事的安全保障研究では、「研究の方向性や秘密性の保持をめぐって政府による研究者の活動への介入が強まる懸念がある」として、研究の自主性・自律性、研究成果の公開性が脅かされる可能性を指摘しています。

そしてここで具体的に防衛装備庁の「安全保障技術研究推進制度」を明示した上で、「将来の装備開発につなげるという明確な目的に沿って公募・審査が行われ、外部の専門家でなく同庁内部の職員が研究中の進捗管理を行うなど、政府による研究への介入が著しく、問題が多い」と、明快に装備庁の制度の問題点を述べ、この制度を拒否すべきことを暗示しています。何しろ「政府による研究（者）への介入」という言葉が2度も使われており、警戒すべきことと強調しているからです。

そこで、「研究成果は、時に科学者の意図を離れて軍事目的に転用され、攻撃的な目的のためにも使用されうるため、まず研究の入り口で研究資金の出所等に関する慎重な判断が求められる」として、各大学等で研究の適切性を目的、方法、応用の妥当性の観点から、技術的・倫理的に審査する制度を設けるべきであるとしています。まさに研究現場からの自主的・自律的な議論と判断を求めているのです。日本学術会議が、基本的考えを命じる立場ではないことを述べていると言えるでしょう。

この「声明」では防衛装備庁の制度に応募すべきではないことを直接述べていません。そもそも日本学術会議がそのようなことを言明する権限を持っていないためであり、さらに言えば、もしそれを表明しようとすれば声明案そのものがまとまらず、日本学術会議が分裂状態になることを危惧したためと思われます。それが、今の日本の学術界の状態であることは認めざるを得ません。大西会長をはじめ軍事研究容認派が日本学術会議の会員にかなり居るからです。そのような会員でさえも同意せざるを得ない内容の声明文が模索されたと考えるべきでしょう。

そのため、容認派はさまざまな難癖をつけて「安全保障技術研究推進制度」に積極的な応募の動きをするかもしれません。その意味で「今が正念場」であり、この声明の精神を正しく読み取って応募をしなくなるよう、軍学共同反対運動を強めていかねばならないと思っています。

■今後のために

私は、「軍学共同反対アピール署名の会」の代表として、「大学の軍事研究に反対する署名運動」の会（代表世話人：野田隆三郎岡山大学名誉教授）及び「『戦争と医の倫理』の検証を進める会」（代表世話人：西山勝夫滋賀県立医科大名誉教授）とともに「軍学共同反対連絡会」を結成し、共同代表の一人として署名・シンポジウム・講演・執筆・記者会見などで、この問題を広く市民に知らせる運動をしてきました。

研究者には軍事研究に加担せず、世界の平和と人類の福祉のための研究を続けるという研究の原点を守る決意とともに、日本学術会議の声明が求めているように、大学や研究機関として「軍事的安全保障研究と見なされる可能性のある研究について、その適切性を技術的・倫理的に審査する制度」を制定するよう働きかけたいと思っています。

また市民の方々には、軍学共同に加担しようとする研究者や大学・研究機関を批判する運動を起こしていただくよう望んでいます。心ある市民と研究者の共同行動こそが今強く求められているのです。

12 大学が軍事、武器開発に関わらないという原点に戻るために

赤井純治（新潟大学名誉教授）

■軍学共同が大学を変質させる

今、政府による大学政策は最悪で、大学関係者は対応に苦慮し、疲弊し切っています。教授会の権限を奪い、大学をランク付けして特定の大学を選び出して予算を重点的に配分するなど、財政面からも大学を政府が管理・統制しようとしています。基準的な研究費、人員を極限まで制限し、結果的には研究をできない「大学」を作り出しています。論文数も国際的に比較して、大きく減少しランキングが落ちたと最近も報道されています。

ちなみに、新潟大学の場合、学部により異なりますが、例えば2015年度の年間研究教育費は教員1人あたり4万円に満たない額でした。コピー費と電話代にも足りないくらいです。自分の研究室へ20万～30万円も研究費を寄付している実態もあるといいます。

大学は研究と教育を担う公的機関ですが、教員が研究費を自弁しているという事態が起こっているのです。さらにこの財政難に教授60人分の人件費を削減して8億円を生みだそうという計画があ

るというから異常事態です。8億円とは森友問題で、安売りした額です。

大学のあり方が大きく変貌してきた原因は、2004年の大学の法人化（国立大学法人）にあります。これによって研究体制の劣化や、研究費の削減が著しく、この状況につけ込むかのように、防衛省などを出処とする研究費を餌に大学や個々の研究者を軍事研究にさそい込む動きになっています。

大学・研究者が軍学共同に取り込まれると、次のような事態が起こってくると考えられます。

①科学者としての倫理が問われる

そもそも、大学での学問研究は真理を探求し、そして人類のため、人々の幸福をめざすべきものです。何のため、誰のための研究かを問うことが基本にあるべきですが、この基本が忘れられることになります。倫理のない科学となります。

②大学が批判的精神を失う

学問研究は真理の探求を通して、人類の平和的生存、福祉、社会の発展向上を目指すべきものです。第2次世界大戦の歴史的体験を通じて、大学・学界は戦争に協力したことを深く反省し、国家、軍との関係を教訓化しました。学問、大学が国家の言いなりになっては、批判的精神も失い、その存在意義をなくします。かつて権力によって学問が歪められた反省から、憲法23条では権力から独立した学問の自由をうたっています。そして真理の探究のためには、自主、民主、公開が必須でこれらを保障するものとして、大学の自治が重要です。

③軍事機密の領域が大学に存在することになる

大学・研究者が軍事に関与するということは、軍事機密の領域が大学の中に移入され、大学の自治が機能しないことを意味します。アメリカの例では、軍事機密に関わる研究室のスタッフは秘密保持の義務に縛られ、機密漏えいの罪に問われる緊張感と隣り合わせになっているといいます。こうした環境下では、スタッフの活性が失われ、退廃、萎縮、荒廃が進むことは容易に想像できます。

④研究成果を公開できなくなる

十分な予算が付くことで研究が進むように見えますが、今は導入期で明確にしないこともあり得るものの、本格的な軍学共同の研究では、防衛省がその成果を自由に公開することを認めることはあり得ないのです。これも米国の事例で、第二次世界大戦後の海洋研究で新たな海山が発見されたのですが、軍学共同の予算で行なわれた研究だったため、軍からの圧力があり、海山の位置を正確に示さないことを条件に、学会発表が許可されたといったこともありました。

軍学共同の研究に関わる、軍事に間接・直接に役に立つと承認された研究・研究者は多額の研究費を得て、研究が進むように見えますが、実は自由な発表ができなくなり、オープンな学術界からは研究者としては消えてゆくことになります。研究成果の公表が、特定秘密保護法が制定されている状況で、将来軍学共同の研究は軍事機密研究となり、公表した研究成果がもし漏えいしたりすれば、逮捕される危険すらもあると考えられます。

⑤影響は学生・大学院生に及ぶ

軍学共同の影響は当事者の教員、研究者だけでなく、大学の重要な構成員である学生、大学院生にも及びます。研究室を主宰する教授が特定のプロジェクトで研究費を受け取ると、研究室を構成する大学院生、ポスドク、あるいは学生が協力させられることも想像に難くありません。米国ではポスドクなどの研究協力が当然のように行なわれていると報告されています。米国の現状を聞くと、軍学共同によって大学内に軍需産業の施設ができ、教授はその会社のスタッフ同然になり、学生はその教授のもとで関連の研究をしたり、時にはその会社に就職したりするといった流れにもなるといいます。

⑥経済構造全体が軍事依存に変貌する

さらに、軍学共同の行き着く先は、大学のみならず社会経済構造全体が、軍事に依存するものに変質することです。米国が永続的に戦争をしたがる「戦争中毒」状態の背景には、戦争を渇望する軍需産業があります。米国では軍産複合体の関連企業・下請けで1000万人とも2000万人ともいわれる人びとが就業しています。

少し歴史を遡(さかのぼ)れば、1929年の世界恐慌を一早く脱したのは日本で、そのきっかけは31年の満州事変を契機とした軍需景気だとされています。

今、原発再稼働が問題となっていますが、その口実には「地域経済活性化・雇用創出のため」原発再稼動せよとの主張もあります。それと同じように、不況脱出のため、「戦争待望論」や「武器輸出促進論」が市民の中から出かねないことになります。

この「軍産学複合体ムラ」の背景には日米同盟第一を掲げる対米従属的な日本政府の姿勢、米国の対日政策もあります。

■軍学共同を阻止する運動の視点

このような状況のなかで、どうしたら軍学共同体制の進行を止められるか、過去と未来の２つの方向からとらえることが重要だと考えています。過去とは、アジア太平洋戦争の戦前・戦中の経験です。

●過去の視点から

戦前・戦中の期間を通して、大学・研究者・技術者は軍に協力させられました。細菌戦に使用する生物兵器の研究・開発のための７３１部隊の人体実験や、「九州大学生体解剖事件」など深刻な犯罪行為が平然と行なわれたり、地質・鉱物研究者も資源調査に動員されたりしました。もちろん、軍に動員されたのは医学系、理工系だけではなく人文社会系、歴史家、哲学者、文学者、芸術家なども総動員されました。

当時の標語に「一億へ　来たぞ科学の　動員令」「一億が　皆科学者の　心意気」というものもありました。

私たちは、過去の歴史を学び「一億へ　来たぞ科学の　動員令」たる軍学共同に対して「軍学共同には絶対反対！」の言葉を対置させるべき時です。「兆候が出はじめた時に抵抗せよ」というのが歴史が教える教訓です。

戦後、平和が訪れ、戦前・戦中の大学・科学・研究のあり方が問われ、積極的戦争協力者は指弾されましたが、今、過去への真摯な向き合いが欠如しているのではないでしょうか。戦後間もないころは戦争の悲惨な現実と、これに科学が加担したという痛切な思いが、戦争のリアリティーとともに強くあり、それが研究者の倫理観を支えていました。過去の教訓に学ぶべき時です。

「科学と戦争の関わりの苦い経験を忘れてはならない」「学問は戦争に手を貸さない」という原則が、軍事研究を禁止する50年、67年の日本学術会議声明や物理学会、地学団体研究会、地質学会などの各学会、一部の大学で守られてきました。この原点に戻って、今推進が図られている軍学共同の動きを批判しなければなりません。

●未来への視点

安倍政権の軍拡・軍事偏重の路線がこれからも続き、その動きには抗しがたいという見方があるのかもしれません。

私は原水爆禁止運動にも関わっていますが、１００年後、２００年後、そこでは核兵器は確実になくなり、戦争のない世界も近い状態にあると思っています。折しも、被爆者が最後の声を振り絞って訴えた、あたらしいヒバクシャ国際署名が2016年4月から始まり、核兵器禁止と廃止の条約を求めていますが、それから一年余りで、核兵器禁止条約が国連で2017年7月7日採択されました。これは広島・長崎の被爆後、72年にわたる原水爆禁止運動の画期的成果であり、次に完全廃絶へ向かうステージに入りました。

軍拡・軍事偏重の路線は長続きしません。学問は未来を切り拓くものであり、紆余曲折があろうとも、長い目でみれば、再び平和を基調とする政治に転換するのは必定です。

未来の時点に立って、今の時代をどう判断して、どう行動するか、未来の歴史にどう記述されるかの想像力が必要です。

■ドイツの経験

諸外国ではすでに軍事研究がさまざまな段階で進んでいますが、その運動経験が日本での取り組みの参考になります。米英の動向は、本項末尾の文献を参考にしてください。英国の運動に関しては、平和団体CAATと市民団体FoRが共同で刊行したパンフがあります。

ドイツでは、40の大学で理工系だけでなく全学問分野で軍学共同研究が行なわれ、とりわけ軍事研究では秘密保持が貫徹され、大学は閉鎖性を強めているといわれています。

このドイツの軍学共同に対抗する運動として、"Civil Clause"（大学の学則などに軍事禁止、民生平和のための研究をすると明記した〝民生（平和）条項〟を書きこむことを求める）運動が活発に取り組まれ、ブレーメン大学、フランクフルト大学、ベルリン工科大学など21の大学が、Civil Clause条項を学則などに記載しています。大学がCivil Clauseを学則などに宣言しても、逸脱行為も出てくるといいます。大学全体が研究の基本にいつも立ち返り、継続的な取り組み・問いかけが肝心だとされています。

このドイツの軍学共同に反対する運動では、軍事研究は「汚いもの／汚い言葉である」という考えを社会的に定着させることが重要であると強調されています。軍事研究に従事する研究者たちは、さまざまな言い方で軍事研究を合理化しようとし、軍事研究に携わっていることを隠したがります。この「後ろめたさ」が、軍事研究の本質を表しているといえます。

ドイツの運動は、大部分が学生によって担われていますが、必ずしも多くの学生がいるのでなく、4人、5人だけでも影響を及ぼしているといいます。その一方でドイツでは、ドイツ労働総同盟などの労働組合の支援や、SPD（ドイツ社会民主党）、緑の党などの政党が、軍学共同に対抗する運動への支持を決議したり、各種情報入手に協力したりで支援しています。

ドイツでも「デュアルユース」に関する議論がありますが、研究の性格を明らかにする基準としては、資金源、発表・公開の自由などであるとしています。

■今、大学がすべきこと

当事者の大学教員と大学が、軍学共同問題の重大性を自覚することが不可欠です。戦争がもたらす惨状と、未来を見通す見識を持って、軍事研究をしないという態度を大学としても個人としても表明することです。問題意識を持つ大学教員は、学内外で軍学共同に関して発言し、議論の俎上（そじょう）にのせ、軍事研究の推進に対して、徹底的に問題点を指摘し、推進論を論破することです。

大学での軍学共同はある意味、簡単に阻止できます。共同の一方である担当の大学教員がＮＯ！といえば、軍学共同は成り立たないからです。決定権を大学人が握っているのです。

●各地の大学の動き

各地の大学は、軍学共同に対してどのような見解を表明しているのでしょうか。現在の動きを紹介しておきましょう。

新潟大学は、２０１５年度の「安全保障技術研究推進制度」に応募しないことを夏前に決め、さらに学部教授会での議論、学系長が求めた意見などを踏まえて研究委員会で議論し、今後も「軍事への寄与を目的とする研究を行わない」ことを決定、これを新潟大学の科学者行動指針に書き込みました。

琉球大学も「防衛省の安全保障技術研究推進制度による研究を本学では差し控える」との学長見解を発表、京都大学では総長もメンバーである部局長会議で軍事研究の資金は受けないことを申し合わせています。信州大学も当面応募を見合わせ、広島大も同様の対応をするとされています。現在約10の大学で態度を明らかにしています。

私学では、関西大、法政大、立命館大、明治大などは軍事研究を認めない方針を決め、関西大は「人類の平和・福祉に反する研究活動に従事しない」との研究倫理基準に従って応募禁止を決めました。

大学以外の研究機関では、国立天文台の教授会議が「国立天文台は、軍事利用を直接の目的とした研究を行なわず、協力もしない。安全保障技術研究推進制度もしくはそれに類する制度への応募は行なわない」と明確な方針を決定しました。

一方、「安全保障技術研究推進制度」の資金を2016年度までに受けている大学と研究機関は以下の通りです。

大阪市立大学、東京理科大学、東京農工大学、北海道大学、山口東京理科大学、東京工業大学、東京電機大学、神奈川工科大学、豊橋技術科学大学、理化学研究所、宇宙航空研究開発機構（JAXA）、海洋研究開発機構、物質・材料研究機構（2件）、レーザー技術総研。これは資金を受けた大学・機関で応募した件数は15件になります。

■全国組織の軍学共同反対連絡会が結成

2014年、軍学共同反対アピール署名の会（代表＝池内了名古屋大名誉教授）が、インターネットでの署名運動を立ち上げ、2000筆以上の署名と貴重なコメントも多数寄せられました。このコメントをまとめた冊子と「軍事研究をしないように」という趣旨の要請文を全国の国立大学、私学の大学長、学術会議会員に宛てて送りました。

また「大学の軍事研究に反対する署名運動」（代表世話人＝野田隆三郎岡山大名誉教授）は、9000筆の署名を集め、野田教授を中心に、大学へ直接出向いて、署名を届け要請する活動を行なってきました。

2016年9月、これに加えて、「戦争と医の倫理」の検証を進める会の3団体が中心となって全国組織の軍学共同反対連絡会が結成されました。メーリングリストによる情報・意見交換、関連ニュースを網羅したニュースレターの発行、声明の発表や記者会見、学術会議前の要請行動など、この連絡会の動きが軸となって、世論形成に極めて大きな役割を果たしてきました。幅広い諸団体と個人の連合で活動を続けてきて、2017年3月、学術会議が軍学共同を基本的に否定する新声明を出しました。1950年、67年声明を継承するとして、50年ぶりに確認したことの意義は極めて大きいものがあります。

軍学共同の問題は国民・市民社会の問題でもあり、日本社会が軍産複合体（死の商人）が跋扈する社会になるかどうかの分岐点です。市民の視点から大学の有り様を監視することも大変重要です。市民側から地域の大学に、軍事研究するとはおかしいではないか、国民を戦争へ先導するつもりなのかと、ときには強く抗議することも必要です。

さらに、未来の科学者をめざす小中学生、高校生を軍事研究に巻き込まないでほしいと訴えるのも市民の重要な役割です。大学が疲弊状況にあるなか、市民社会からの支援の声も研究者を勇気づけます。

最近、新潟大学では、ある卒業生の発案で「大学問題を考える市民と新潟大学教職員の会」という小さな会ができ、フォーラムなどを開催しています。このようなグループが全国の大学で生まれることを期待しています。

大学は国民の期待、地域住民の期待を裏切ってはならないし、軍事研究を積極的に進めるような大学は国民から将来見放されてゆくでしょう。逆に、これを機に大学とはどうあるべきか、を問いかけ、大学の窮状を打破する国民的立場からの大改革運動、いわば、大学革命ともいえるほどの改革が今求められています。

参考文献

赤井純治：『地球を見つめる「平和学」―「石の科学」から見えるもの』（新日本出版社、２０１４）
赤井純治：「大学非核平和宣言と学生たち―米英独の軍学共同の現状とそれへの闘いの教訓にも学ぶ」『季論21』第30号、pp.112-122 (2015).

13 AIに支配されるオートノマス兵器の開発

小金澤鋼一（東海大学教授）

■第5期科学技術基本計画のロボット・AI技術開発の危険な狙い

「第5期科学技術基本計画」（2016年1月閣議決定）では「人間の生活のみならず人間の在り方そのものにも大きな影響を与える新たな科学技術」として、「Internet of Things（IoT）、ロボット、人工知能（AI）、再生医療、脳科学」を挙げ、特に「ロボット」とAIは1つの相補発展技術ととらえ、「新たな価値創出のコアとなる強みを有する基盤技術」と位置づけています。

この「第5期科学技術基本計画」で看過できないのは「国及び国民の安全・安心の確保と豊かで質の高い生活の実現」を図る上で「国家安全保障上の諸課題への対応」が4つの重要課題の中の1つとして挙げられていることです。

「我が国の安全保障を巡る環境が一層厳しさを増している中で、国及び国民の安全・安心を確保するためには、我が国の様々な高い技術力の活用が重要である。国家安全保障戦略を踏まえ、国家安全保障上の諸課題に対し、関係府省・産学官連携の下、適切な国際的連携体制の構築も含め必要な技術の研究開発を推進する」とされています。

この「必要な技術の研究開発」にロボット・ＡＩ技術が含まれることは明白で、防衛省は２０１５年、研究資金助成制度として「安全保障技術研究推進制度」を発足させ「装備品への適用面から着目される大学、独立行政法人の研究機関や企業等における独創的な研究を発掘し、将来、有望な研究を育成する」ことを本格的に始動させました。平成28年度の公募要領に挙げられた研究課題には「昆虫あるいは小鳥サイズの小型飛行体実現に資する基礎技術」、また平成29年度においては「生物を模擬した小型飛行体実現に関する基礎研究」というロボット技術に関わるテーマも含まれています。

「科学技術イノベーション総合戦略２０１５」では「超スマート社会」の実現の共通基盤的な技術として「ロボット」の先導的推進が随所にうたわれています。とくに「世界に先駆けた次世代インフラの構築」を図るとして「過酷な環境下において、遠く離れた地域から遠隔操縦可能なロボットや高機動パワードスーツの実用化に資する技術の確立」が掲げられています。「科学技術イノベーション総合戦略２０１７」においては「国家安全保障上の諸課題」の中で「重きを置くべき取組」の一つとして同技術が取り上げられ、その監督官庁が防衛省となっていることが注目されています。

■オートノマス・ロボットと兵器への転用

米国国防高等研究計画局（ＤＡＲＰＡ）は２０１５年、人間型ロボットの性能を競うロボット競技会（ロボティックス・チャレンジ）を主催し、その決勝戦が２０１５年６月に開催されました。世界から24チーム（半数は米国）が決勝に進みましたが、日本からは新エネルギー・産業技術総合開発機構（ＮＥＤＯ）、産業技術総合研究所（ＡＩＳＴ）、東大など４チームが決勝に進出しました。

決勝戦で、ロボットは次の作業を１時間以内に行なうことが課せられました。

・乗り物に乗り、運転する
・がれきを除去し、不整地を通り抜ける
・扉を開け、建物の中に入る
・工場用はしごを上り、通路を移動する
・コンクリート壁を壊し、通り抜ける
・安全弁を見つけ、閉める
・サプライズ・タスク（参加者には知らされていない）

賞金３５０万ドルをかけたこの競技で優勝したのは、韓国科学技術院のチームでした。日本から出場したチームでは、ＮＥＤＯとＡＩＳＴの共同開発したＨＲＰ―２＋の10位が最高でした。ロボットの操作者はロボットを見ることのできない遠隔からワイヤレスで操作し、過酷環境を想定して定期的に妨害電波も発せられる中で操縦することが課せられました。

このロボット競技会の目的は、かなり高度な自律性をもって行動・作業ができるオートノマス・ロボットの開発を競うものなのです。

オートノマス・ロボット兵器は容易に兵器に転用できます。実際、すでに実戦に投入され、イスラエルではガザ地区との境界に無人地上装甲車「Guardium」を実戦配備しています。Guardium はパトロールを主要任務としていますが、自動モードで侵入者を攻撃することも可能です。

また、韓国は非武装地帯に歩哨ロボットSGR―1を配備しています。SGR―1は非武装地帯を監視し、侵入者を検出し指令センターに通報し、センターからの許可をもとに自動攻撃を行なうのです。アフガニスタンやイエメン、ソマリアでロケット攻撃を繰りかえしている米国の無人機ドローンは、現地でおびただしい犠牲と災厄をもたらしています。これらは指揮官の指令を介在するものですから、準オートノマスと言えるでしょうが、通報を受けたコマンダーが正確な判断を下すことができるかは疑問です。

エドワード・スノーデンによる情報を掲載してきたニュースサイト「The Intercept」は２０１５年10月15日、米国の無人機攻撃に関連する新たな国防総省の文書を公開しました。公開されたＰＰスライドには、たとえば、２０１２年の5カ月間における米国無人機による殺害者１５５人のうち、実に90％近くが標的以外の人びとだったことや、誰を攻撃対象にするかを米国政府が選ぶ恐ろしいプロセスが記述されていました。

実際には、遠隔地で操作する指揮官が正確な現地状況について判断を下すことは不可能で、事実上ロボット兵器は自律的に攻撃しており、その攻撃目標の設定精度は低いものなのです。無人機攻撃の最終指令者であるオバマ前大統領による無人機攻撃の厳格化と「民間人犠牲者が出ないというある程度の確実さがあることを攻撃の基準としている」という説明に反して、おびただしい民間人犠牲者が出ているのが現実です。

■AI技術の進展と促進

２０１０年、グーグルはデミス・ハサビスらが起業したＡＩ開発会社ディープマインド・テクノロジーを買収し、グーグル・ディープマインド（ＧＤＭ社）を設立しました。２０１６年３月、ＧＤＭ社が開発したコンピュータ囲碁ソフト「Alpha Go」が、世界最強の囲碁棋士、李世乭（イ・セドル）との５番勝負で４勝１敗の成績を上げたことは囲碁界のみならず、世界を驚かせました。囲碁は創造的、戦略的思考を必要とする複雑なボードゲームで、チェスのようなゲームと比較しても、可能な局面の数がはるかに大きいため、ＡＩプログラムでは人間に勝つのが至難と考えられていたからです。

その後、ハサビス社が発表したディープ・ラーニングのプログラムは、プロ棋士の試合から学習するだけでなく、自分自身との対局を数千万回繰りかえすことによって、棋力を無限に向上させることが可能になっています。従来の探索手法を超えるＡＩ技術が誕生したと言わざるを得ません。

このＡＩ技術の飛躍的発展は日本の産業界、あるいは政府の科学技術政策にも大きな影響を与えています。経産省が所管する「ロボット革命実現会議」のアクションプラン「ロボット新戦略」（２０１５年にはロボットの劇的変化）として以下のような記述があります。

「第1に、ロボットが、単なる作業ロボットから自ら学習し行動するロボットへと『自律化』に向かって変化している。センサー技術やソフトウェア・情報処理能力の向上等の個々の技術の進展に加えて、ディープ・ラーニングの活用を含めた人工知能技術（画像・音声認識、機械学習）の飛躍的な発展に伴い、ロボット自身の能力の更なる向上が期待されており、より高度な処理が可能となりつつある」。「日本再興戦略２０１６――第４次産業革命に向けて」（２０１６年６月閣議決定）では、アベノミクスの第2ステージにおいて有望市場創出を図るうえでの最大の鍵は「ＩｏＴ(Internet of Things)、ビッグデータ、人工知能、ロボット・センサーの技術的ブレークスルーを活用する『第４次産業革命』である」とし、第４次産業革命（ＩｏＴ・ビッグデータ・人工知能）を「６００兆円に向けた『官民戦略プロジェクト10』」の筆頭プロジェクトに位置づけています。さらに以下のような低劣な、脅しともとれる文章が続きます。

「人工知能技術は人間を超えるのか、世界中で論争が巻き起こっている。データ利活用のアイディアによって、誰が競争力を有するかは一夜にして変わる。製造現場など日本が強みを持つ分野と人工知能等の第４次産業革命の鍵を握る技術をどう組み合わせて勝負するのか。勝ち目はあるが、ここを逃せばもう後はない」

このような財界・政府の「成長戦略」方針を実現するため、各種の研究・開発あるいは事業化への助成が始まっています。冒頭で紹介した安全保障技術研究推進制度の平成29年度研究課題においても「人と人工知能と協働に関する基礎研究」というＡＩをキーワードとした研究課題が提示されています。たとえば、ＮＥＤＯは２０１５年度から「次世代人工知能・ロボット中核技術開発」助成をスタートさせています。

■「殺人ロボットを禁止するためのキャンペーン」がスタート

米国では、ペンタゴンが２０１７年度の予算としてオートノマス兵器、ディープ・ラーニングマシーンの研究開発に実に１２０億～１５０億ドルを要求しています。

この動きに対抗するようにロボットや人工知能の研究者、技術者で組織される「ロボット兵器制限のための国際委員会」（ＩＣＲＡＣ）が中心となり、２０１３年４月、９つのＮＧＯを結集して「殺人ロボットを禁止するためのキャンペーン」が組織されました。２０１５年12月時点で、25カ国58のＮＧＯが参加しています。

各国政府に向けて出された声明「科学者声明――オートノマス・リーサル・ロボット禁止のために」（２０１３年）は以下のように述べています。

・生物・化学兵器や対人地雷の禁止についての強い国際的なコンセンサスがあるように、完全オートノマス・ロボットも受け容れがたい。
・近い将来に出現する可能性があるロボット兵器が、攻撃対象を正確に同定すること、正確な状況把握と決定が可能であるという科学的な根拠はない。
・特に明らかなことは、戦争地域と非地域の区別が不明確であり、従って戦闘員と非戦闘員の区別も不可能であるということである。

・ロボット兵器は複雑なアルゴリズムで制御されることになるが、この複雑さが不安定性と予測不能な行為の原因となる。

・オートノマス・ロボット兵器の以上の限界と未知のリスクを考慮し、その開発と配備を禁止することを呼びかける。［暴力を用いるかどうかの決定を機械に委ねてはならない］。

ヒューマン・ライツ・ウォッチもハーバード大学法科大学院の国際人権クリニックと共同で「『キラーロボット』はアカウンタビリティを欠く、法的責任追及にさまざまな困難　禁止が当然」（2015年4月）と題したレポートを発表しました。このなかでは完全オートノマス・ロボット兵器についての以下のような法的な問題点を指摘しています。

・完全オートノマス・ロボット兵器に関する主な懸念のひとつとして、国際人道法と国際人権法を侵害し、民間人を殺害する恐れが指摘される。この兵器の特徴は、人間による実質的な制御が存在しない点にある。そのため不法な行動をとった人物の刑事責任を問うことが難しくなる。

・完全オートノマス・ロボット兵器は、人であれば戦争犯罪に匹敵しうる行動をとる可能性がある。だが被害者が直面するのは、その犯罪行為で誰も処罰を受けないという事態である。

・民事上の責任を問うことは、少なくともアメリカでは事実上できない。軍と軍の契約業者には法的な免責特権があり、製造物責任訴訟については証拠を示すことが難しいからである。

■AIの開発競争に抗する動き

２０１５年７月、ブエノスアイレスで開催された「人工知能に関する国際合同会議」（ＩＪＣＡＩ２０１５）で１０００人以上のＡＩ研究者、ロボット研究者、テスラモーターズのＣＥＯ、アップルの共同創業者、スカイプの共同創業者、理論物理学者のホーキング、言語学者のチョムスキーなどが署名した公開レターが発表されました。レターには以下のような危機感が表明されていました。

「人工知能（ＡＩ）の技術はすでに次のような段階に達している。それを用いたオートノマス兵器が数十年ではなく、数年以内に実戦配備される可能性があるという段階である。これは弾薬や核兵器に次ぐ、戦争行為における第３の革命である。（中略）今日の人類のキー問題はＡＩ兵器の開発競争を開始するか、あるいはそれを止めるかである。主要な軍事パワーがＡＩ兵器の開発を推進するならば、グローバルな兵器開発競争は避けがたく、その帰結は明らかである。すなわち、オートノマス兵器は明日のカラシニコフ銃となるということである。ＡＩ兵器は核兵器と異なり、費用もかからず、入手しがたい希少材料もいらない。従ってそれらは至る所に現れ、主要な軍事パワーにとって安く大量生産できる。それらがブラック市場に現れ、テロリストや、国民をうまく操りたいと思う独裁者、人種浄化を貫徹しようとする軍閥などに渡るのは時間の問題である。（中略）軍事用ＡＩ兵器は人類にとり有益ではないと我々は信じる。

ＡＩ技術は多くの方法で人類に役立つ大きな可能性を持っている。したがってＡＩ兵器の開発競争を始めることはばかげたことであり、人間の制御を超えたオートノマス兵器を禁止することでそれを防がなければならない」。

ＡＩの開発競争が何の歯止めもなく進むと、近い将来、技術上の特異点を超え、人工知能がそれ自身のプログラムを改良することができる段階に達するかもしれない、ということが言われています。ＡＩ兵器の軍拡競争は、人類が有効な対抗手段を講ずることなく、この特異点の出現を促進してしまう可能性があるのです。

人類の存続を脅かすようなＡＩの歯止めのない開発に警鐘をならし、ＡＩの平和利用を支援するボランティア団体ＦＬＩが宇宙学者のマックス・テグマークやスカイプの共同創業者らによって、ボストンに設立されています。ＦＬＩの諮問委員の1人であるテスラモーターズＣＥＯイーロン・マスクが人類に役立つＡＩの研究助成に対して１０００万ドルを寄付したことも話題を呼んでいます。

■ノーバート・ウィーナーの驚くべき先見性

２０１５年9月19日未明、数万人のデモ参加者が国会を取り囲み断固反対の声を上げるなか「平和安全法制整備法案」と「国際平和支援法案」が混乱の中で可決成立しました。これはすでに成立している「特定秘密保護法」や、制服組（自衛官）に背広組（防衛官僚）と同等の権限を与える「防衛省設置法改正」などと相まって、自衛隊がアメリカを軍事的に補完することのできる〝積極的平和主義〟を実践するための法的整備です。

さらに「武器輸出三原則」の廃止と「防衛装備移転三原則」の策定、「安全保障技術研究推進制度」に基づく軍学技術交流の活発化は、財界がかねてより渇望している〝防衛装備品〟の開発と海外輸出を見すえたものなのです。これら軍事国家への回帰の流れは軍拡競争を助長し、その果てにAIに支配された完全オートノマス兵器という、人間の制御を超えた恐るべきデーモンを生み出してしまうかもしれません。

アメリカの数学者でサイバネティックス（人工頭脳学）の提唱者として知られるノーバート・ウィーナーは驚くべき先見性をもって「機械はその設計者の制限を超える可能性がある。そうなるとその機械は有益でもあるが危険でもある。『学習機械』を用いることにより破滅的結果がもたらされる危険の第一の原因は人間と機械が異なった時間スケールで動いていることである」と警告していました。

我々はロボット・AI技術が、核兵器や地球温暖化と同じレベルの、人類の存続を脅かす可能性をはらんだ段階にあるととらえるべきです。

14 宇宙軍拡に駆り出される研究者たち

多羅尾光徳（東京農工大学准教授）・浜田盛久（海洋研究開発機構研究員）

無限に広がる大宇宙。静寂な光に満ちた世界。この宇宙の謎を解き明かしたいと、研究者（科学者・技術者）たちは空の彼方に望遠鏡を向け、宇宙に飛び立つためにロケットを開発してきました。しかし、その研究者たちを宇宙の軍事利用に動員しようとするよこしまな考えの人たちがいます。長年、非軍事に徹してきた日本の宇宙開発は近年、急速に軍事化の傾向を強めています。日本の宇宙開発の歴史を簡単に振り返りながら、最近の宇宙軍事化の動きを注視して、それらの動きに対して私たちに何ができるかを考えたいと思います。

■宇宙開発の開始と非軍事路線の確立

宇宙開発は「宇宙の謎を探りたい」という人類の純粋な知的好奇心のみを原動力として進められたわけではありません。第2次世界大戦時にナチス・ドイツがV2ロケット（ミサイル）を開発したように、宇宙開発は軍事と密接に結びついていました。アメリカとソビエト連邦が対立したいわゆる冷戦期には、両国が核軍拡競争を繰り広げる中で宇宙開発が本格化しました。

一方、日本の宇宙開発は、世界のこのような軍事的な流れとは異なる思想で始まりました。東京大学生産技術研究所の糸川英夫教授は、１９５３年にアメリカに滞在した際、アメリカがロケットの時代に入りつつあることを実感し、宇宙空間でも飛行できる超音速ロケット機を開発する構想を持ちました。その第一歩として、超小型火薬式の「ペンシルロケット」の開発に取り組みました。糸川教授ら研究者たちは、外国（特にアメリカ）に依存しない自主的な宇宙開発の枠組みを政府に対して強く求めました。その結果、東京大学に宇宙航空研究所（ＩＳＡＳ、現在の宇宙航空研究開発機構宇宙科学研究所）が１９６４年に設立されました。ＩＳＡＳでは、科学衛星を打ち上げるための固体燃料ロケットの開発が続けられました。

政府の宇宙開発の政策面では、１９５９年、科学技術庁が宇宙科学技術振興準備委員会を設置し「当面の宇宙科学技術の研究開発計画」をまとめ、基本政策の方向づけをしました。この計画では研究開発の基本原則の1番目に「平和利用」を掲げ「研究開発は平和利用、世界文化への貢献、人類の福祉を目的とする」と明示しました。政策面においても、日本の宇宙開発は平和目的を当初から明確にしていたのです。

日本において宇宙開発が進むにつれ、科学衛星以外の実用衛星（通信衛星・放送衛星・気象衛星）の必要性が高まってきました。それを受け１９６４年、科学技術庁に宇宙開発推進本部が設置され、実用衛星とそれを打ち上げるロケットの開発が始まりました。実用衛星は多くの場合、静止軌道（高度約３万６０００㎞）にまで打ち上げる必要があり、ロケットには従来よりも高い打ち上げ能力が求められました。

宇宙開発推進本部の業務を引き継いだ宇宙開発事業団（ＮＡＳＤＡ、１９６９年設立）の島秀雄初代理事長は、打ち上げ能力の高い固体燃料ロケットを日本が自主開発するには技術的にも資金的にも困難と判断し、「日米宇宙協力交換公文」（１９６９年7月31日発効）に基づき、アメリカから技術提供を受けて推進力の強い液体燃料ロケットを開発することを決断しました。

アメリカが液体燃料ロケットの技術を日本に提供しようとした背景には、ミサイル技術に転用可能な固体燃料ロケットを日本が自主開発することによって、その技術が民生技術として他国に流出することを防ぐ狙いもありました。

このような経緯から、日本には、固体燃料ロケットや科学衛星を自主開発した学術機関のＩＳＡＳと、米国からの技術提供を受けて液体燃料ロケットや実用衛星の開発を行ったＮＡＳＤＡという、指向性の異なる2つの宇宙開発の枠組みが40年以上にわたって共存してきました。

１９６９年の国会で宇宙開発事業団法案（ＮＡＳＤＡ法案）が審議された際、日本はどのような宇宙開発の道を進むべきかという問題が議論され、木内四郎科学技術庁長官（当時）は、宇宙の軍事利用はまったく考えていないと繰り返し明言しました。しかし、多くの議員から平和目的を明文化するべきという強い意見が表明されました。その結果、自民・社会・民社・公明の4党共同提案によるＮＡＳＤＡ法案では、第1条の「宇宙開発事業団は」の下に「平和の目的に限り」という文言を付け加える修正提案がなされ、全会一致で採択されました。さらに、宇宙政策に関する基本法が制定されていない状況下で、日本の宇宙開発は平和に限ることを確約する国会決議の必要性が提起され、衆議院本会議において全会一致で「わが国における宇宙の開発及び利用の基本に関する決議」（以下、宇宙の平和利用決議、１９６９年）が採択されました。

■「わが国における宇宙の開発及び利用の基本に関する決議」（昭和44年5月9日衆議院本会議）

　わが国における地球上の大気圏の主要部分を超える宇宙に打ち上げられる物体及びその打ち上げロケットの開発及び利用は、平和の目的に限り、学術の進歩、国民生活の向上及び人類社会の福祉を図り、あわせて産業技術の発展に寄与すると共に、進んで国際協力に資するためにこれを行なうものとする。（傍点部筆者）

　この決議は、宇宙の開発や利用の主体をＮＡＳＤＡに限定していない点が重要です。「日本は非軍事の宇宙開発に徹する」という国是の根拠となりました。衆議院に続き、6月13日には参議院科学技術振興対策特別委員会で「宇宙開発事業団法案に対する附帯決議」が採択されました。そのなかでも「わが国における宇宙の開発及び利用にかかわる諸活動は、平和の目的に限り、かつ、自主、民主、公開、国際協力の原則の下にこれを行うこと」（傍点部筆者）と明記されました。

　国際的に「平和」には「非侵略」と「非軍事」の二通りの意味があります。日本の宇宙開発における「平和」は「非軍事」を意味することが、国会での議論を経て明確にされました。日本国憲法の平和主義、とりわけ第9条に照らせば当然のことでした。

ＮＡＳＤＡ法第1条の「平和の目的に限り」の文言は、２００３年にＩＳＡＳ、ＮＡＳＤＡ、そして航空宇宙技術研究所の３つの組織が統合して宇宙航空研究開発機構（ＪＡＸＡ）が発足した際に、宇宙航空研究開発機構法（第４条・機構の目的）に引き継がれました。ＪＡＸＡは当初、非軍事の宇宙機関として発足したのです。

■軍事利用容認への政策転換

非軍事の宇宙開発の原則を確立した日本ではおおむね、研究者たちの純粋な知的好奇心を原動力として宇宙開発が行われてきたといってよいでしょう。研究者たちはボトムアップで宇宙探査計画を練り、限られた予算の中で工夫し、メーカーと協力しながら衛星の設計・作製・運用を行って技術を蓄積し、世界に誇れる数々の成果を上げてきました。しかし、他方では宇宙の軍事利用をめざす政策によって「宇宙の平和利用決議」の精神からの後退が繰り返されてきました。

最初の大きな転機は、海上自衛隊がアメリカ海軍の軍事通信衛星（フリートサット）を利用することを政府が認めたことです（１９８５年）。政府は「その利用が一般化している衛星及びそれと同様の機能を有する衛星については、自衛隊による利用が認められると考える」とする見解（いわゆる「一般化理論」）によって、自衛隊による宇宙利用を「宇宙の平和利用決議」に抵触しないものとしました。この「一般化理論」はその後も、スパイ衛星の役割を持つ情報収集衛星を導入する

（1998年12月閣議決定）根拠となりました。

次の転機が1990年の「日米衛星調達合意」です。日米貿易摩擦が1980年代から両国間の懸案事項となっていました。アメリカは、対日貿易赤字に対する対抗・制裁的意味を込めて、日本の宇宙政策が産業保護政策であること、アメリカから自由に衛星が調達できない状態を撤廃するように要求してきました。

アメリカ通商代表部が包括通商法スーパー301号（不公正貿易国・行為の特定・制裁）の適用対象に、通信・放送・気象観測・測地などを目的とする衛星を含めることを主張し、これに基づいて日米衛星調達合意がなされました。この合意の結果、技術試験のための衛星は日本が開発できますが、実用に付するためには国際競争入札を経ることが必要となりました。まだ発展途上だった日本の宇宙産業が国際競争入札に勝つのは困難であり、実用衛星の開発に大きな足かせをかけられることになりました。

この日米衛星調達合意がもたらした日本の宇宙開発のあり方の変化が、日本の宇宙産業界（その多くが軍需産業）に宇宙の軍事利用に活路（市場）を見いだすことを志向させるようになったと考えられます。

■宇宙基本法の制定

自民党は2005年から、宇宙産業界の意に沿うため、宇宙の平和利用決議における平和利用の解釈の見直し作業を始めました。２００６年には党内に「宇宙開発促進特命委員会」を設置し、検討を本格化させました。

宇宙産業界は「宇宙の平和利用決議」に制約されて宇宙空間の実利用や安全保障目的での宇宙の開発や利用が閉ざされている、などと主張し、宇宙の軍事利用の解禁を繰り返し求めてきました。アメリカもミサイル防衛システムを構築するために日本の先端宇宙技術を必要としており、アメリカの意向を汲んだ自民党も同様の提言を行っています。

こうした動きを背景として、宇宙基本法案が２００７年6月に自民・公明両党の共同提案によって国会に提出されました。継続審議を経て、２００８年5月に自民・公明・民主（当時）の3党共同による法案として国会に再提出されました。

この法案は第2条で「宇宙開発利用は……日本国憲法の平和主義の理念にのっとり、行われるものとする」とうたい、一見すると宇宙の平和利用決議の精神を引き継いでいるように思えます。しかし、第14条では「国は国際社会の平和及び安全の確保並びに安全保障に資する宇宙開発利用を推進するため、必要な措置を講ずるものとする」と規定されており、宇宙の軍事利用容認が盛り込まれていました。

宇宙基本法案は、衆議院と参議院の内閣委員会でそれぞれ約2時間程度の不十分な審議を経て、２００８年5月21日に参議院本会議で可決・成立しました。それは「宇宙の平和利用決議」の死文化を意味し、宇宙の軍事利用を〝合法化〟したということでもありました。

宇宙基本法の附則第3条には「政府は、この法律の施行後一年を目途として、独立行政法人宇宙航空研究開発機構その他の宇宙開発利用に関する機関について、（中略）見直しを行うものとする」とあります。宇宙の軍事利用を容認する上位法の宇宙基本法と、下位法の宇宙航空研究開発機構法（JAXA法）の平和目的規定との矛盾を、JAXA法を改定することによって解消する方向性が明記されました。

実際、2012年には、JAXA法（第4条機構の目的）から「平和の目的に限り」を削除し「宇宙基本法第2条の宇宙の平和的利用に関する基本理念にのっとり」を挿入する法案が国会に提出されました。宇宙基本法の審議と同様に、衆議院と参議院の内閣委員会でそれぞれ約2時間程度の審議を経て、2012年6月20日に参議院本会議で可決・成立しました。

■宇宙開発の軍事化の急進展

宇宙基本法の制定以降、日本の宇宙開発の現状は当初危惧されたとおりとなっています（『宇宙開発は平和のために』池内了、かもがわ出版、2015参照）。2015年4月に発表された「日米防衛協力のための指針」では「宇宙及びサイバー空間に関する協力」の章が設けられ、宇宙を共同で軍事利用していくことが宣言されています。アメリカは地球上空に多くの軍事衛星網を張り巡らせ、対立する国の様子を宇宙から監視し、世界中に展開する部隊と瞬時に情報をやりとりし、無人機などを操作し、そして何よりも核兵器を扱うために、宇宙を利用しています。自衛隊はアメリカのこの宇宙軍事ネットワークに参加する必要があり、アメリカも日本の役割分担を必要としています（『世界』２０１５年3月号、藤岡惇「新型核戦争システムと宇宙軍拡」参照）。

アメリカだけではありません。日本経済団体連合会（経団連）も「宇宙基本計画に向けた提言」（２０１４年11月）や、「宇宙産業ビジョンの策定に向けた提言」（２０１６年11月）において、宇宙産業の発展（利益拡大）のために宇宙の安全保障利用（軍事利用）をもっと進めることを要求しています。

アメリカや財界によるこれらの要求内容と軌を一にするように、２０１５年12月に決定された「宇宙基本計画工程表（平成27年度改定）」では、防衛省・自衛隊がすでに利用している情報収集衛星や準天頂衛星（アメリカのＧＰＳ衛星を補完する測位衛星）などの各種軍事衛星の数を増やすことや、Ｘバンド通信衛星（軍事通信衛星）を新たに3機、運用することが計画されています。集団的自衛権の行使に道を開いた安全保障関連法を成立させた日本は、アメリカの世界戦略に宇宙利用の面からも深く付き従おうとしています。

さらに、２０１６年4月に閣議決定された「宇宙基本計画」では、宇宙政策の目標の第1番目に「宇宙安全保障の確保」がうたわれています。そして「宇宙協力を通じた日米同盟等の強化」の言葉が躍り、アメリカとともに宇宙を軍事利用していくことが目標とされています。日本の安倍晋三首相と、アメリカのドナルド・トランプ大統領の間で行われた日米首脳会談の共同声明（２０１７年2月10日）では「防衛イノベーションに関する二国間協力」の強化と、「宇宙及びサイバー空間の分野における二国間の安全保障協力を拡大する」ことが明記されています。日本の宇宙開発の軍事化がさらに進むことが危惧されます。

■宇宙開発の軍事化の行き着く先

宇宙開発の軍事化を進めるこれら政策の下で、宇宙開発が秘密のベールに包まれるようになっています。たとえば、多額の税金を使って打ち上げられている多くの軍事衛星が何に使われているのか、実際に役に立っているのかを、納税者である私たちには検証する術（すべ）がありません。情報収集衛星はその目的の1つに「大規模災害への対応」を掲げています。しかし、新潟県中越地震（２００４年）や東日本大震災（２０１１年）などの大災害や、東京電力福島第一原子力発電所事故（２０１１年）では、日本の情報収集衛星が撮影した画像は公開されませんでした。公開を要求する国会議員の追及に対しても「今後の安全保障上の情報収集活動に支障を及ぼす」と、公開を拒否しています。

また、ＪＡＸＡによる軍事技術開発の動きも進んでいます。防衛省技術研究本部（当時。現・防衛装備庁）とＪＡＸＡの間では２００４年度から技術交流が進められ、２０１７年度までに7件もの協定が結ばれています。その内容は、情報収集衛星に用いるための赤外線センサーに関する研究、無人航空機技術の研究、耐熱複合材技術の研究などです。また、２０１４年には防衛省技術研究本部との間で包括協力協定を締結し、連携協力を拡大しています。防衛省との人事交流も行われています。さらに、２０１５年度から始まった防衛装備庁の公募型委託研究資金である「安全保障技術研究推進制度」には、ＪＡＸＡの研究者が提案した研究テーマが採択されました。

　このように防衛省との〝不適切な関係〟が進むと、宇宙開発に携わる研究者たちの意識も変わっていきます。たとえば、防衛省技術研究本部のシンポジウム（２０１５年３月）でパネリストとして出席したＪＡＸＡの理事は「（開発した技術を）防衛省に使ってもらうことは、我々の技術レベル向上につながる」と軍事研究にすり寄る発言をしました。また、ある国立大学の教授は「防衛省と共同研究するメリットは、『社会の課題に取り組んでいる』と、学生の研究意欲が向上する」「防衛省から社会人入学で大学院に入ってくる」「基礎研究に対して防衛省から資金が欲しい」と発言しました。これらの発言を会場で聞いた筆者は、軍事部門との関わり方に対する研究者たちの緊張感のなさに、がく然としました。

　民主主義・自由・多様性・公開性・冗長性（いっけんムダなものが多い）を原則とする「学」の論理と、命令―服従関係・画一化・秘密・軍事的合理性を原則とする「軍」の論理は本来、相容れません。宇宙開発に防衛省・自衛隊の関与が強まることは、宇宙開発の分野にとどまらず、学問全体のあり方を大きくゆがめる危険があります。事実、２０１７年6月に閣議決定された「科学技術イノベーション総合戦略２０１７」では、宇宙科学を含めた日本の科学・技術を丸ごと「国家安全保障上の諸課題」への対応に活用していくことがうたわれています。先にあげた日米首脳会談の共同声明でも「防衛イノベーションに関する二国間の技術協力を強化する」と明記されています。

■私たちに何ができるか

進行する宇宙の軍事利用化を研究者たちはただ手をこまねいて見ていたのではありません。1980年代半ば、アメリカ・レーガン政権は戦略的防衛構想（ＳＤＩ）を掲げ、宇宙空間の軍事利用を推進しようとしていました。日本政府もその研究・開発に参加することを閣議決定しました（1986年9月）。それに対して、日本の天文学者たちは「ＳＤＩ（戦略的防衛構想）に反対する天文学研究者の声明」を発表し、ＳＤＩに協力しない意思を示しました。「天文学者たちを孤立させてはいけない」と、アマチュア天文家たちも独自の署名運動を行ない、反対運動は全国に広がりました。こうして、日本からＳＤＩに協力する研究者を出すことはありませんでした。

宇宙基本法案が国会で審議されようとしていたとき、「宇宙の軍事利用が解禁される」と危機感を抱いた国立天文台の研究者が「宇宙基本法案に反対するオンライン署名」の運動を進めました。この署名には研究者だけでなく、多くの市民からも賛同が寄せられました。同様の署名運動はＪＡＸＡ法改定のときにも取り組まれました。

宇宙開発の軍事化は、研究者と市民からの強い抵抗に遭いながら、ときには挫折し、ときには足かせをはめられて進められてきました。研究者と市民の抵抗がなければ、日本の宇宙開発はとっくに軍事が幅を利かせることになっていたでしょう。

軍事と密接に関わって進められてきた世界の宇宙開発とは対照的に、日本は非軍事を貫いてきた歴史があります。これこそが日本の宇宙開発の強みであり、世界の国々に対して宇宙の軍事利用をやめさせるように訴えていける説得力を持っていたはずです。

日本は今後、アメリカの世界戦略に付き従って宇宙開発の軍事化をさらに進めていくのか、あるいは非軍事の宇宙開発に戻り日本の道義的な信頼性を高めるのかが、いま鋭く問われています。研究者と市民が宇宙の軍事利用に反対し続けていくことが、今後も求められます。

15 大国の武器で命を奪われる中東の子どもたち

佐藤真紀（日本イラク医療支援ネットワーク［JIM-NET］事務局長）

■戦時下のイエメンから

　1991年の湾岸戦争。1989年に東西冷戦が終結すると、米国の軍需産業は破綻寸前にまで追い込まれます。1990年のイラクによるクウェート侵攻は、米国の軍需産業を維持するためには願ってもないチャンスだったようで、米国はあらゆるプロパガンダを用いて、武力行使の必要性を訴えていました。

たとえば、クウェートから米国に避難した少女が以下のように証言しました。

「病院に乱入してきたイラク兵士たちは、生まれたばかりの赤ちゃんを入れた保育器が並ぶ部屋を見つけると、赤ちゃんを一人ずつ取り出し床に投げ捨てました。冷たい床の上で赤ちゃんは息を引き取っていったのです。本当に怖かった……」

　米国の議会でもこの証言が何度か引用され、当時8割ほどが反対していたイラクへの武力行使が、賛成へと傾いていきます。

しかし、その後、この証言が、広告代理店が仕組んだやらせであり、少女も米国で生まれたクウェート大使の娘を役者として起用したことが判明しました。

湾岸戦争がはじまると、最新鋭のハイテク兵器を用い、ピンポイントで敵を攻撃していくという非常にクリーンな戦争のイメージが、メディアを通して我々に植え付けられました。戦争の悲惨さは、ほとんど伝わってこず、メディアが、「イラクが放出した」と伝える原油で油まみれで死んでいく水鳥の姿に多くの人は涙をながしました。当時の日本は、国際貢献という名目で、多国籍軍に130億ドルを拠出しましたが、大半が米軍に渡ったとされ、米国の軍需産業を潤した可能性が高いと思われます。

軍需産業は、湾岸戦争をきっかけに完全に息を吹き返し、民族紛争の時代、テロとの戦いの時代へと戦争が途絶えることはなく、常に利益を得ています。

今から23年前、1994年5月、私は青年海外協力隊員としてイエメンの首都サヌアにいました。冷戦終結後の90年、南北イエメンは統一されたものの湾岸戦争で安保理の非常任理事国であったイエメンは、イラク攻撃を容認する安保理決議案678号に反対票を投じ、米国との関係が悪化していました。新しい国づくりは、米国の協力を得られず、思うように進んでいませんでした。結局、軍隊は統合されずに、衝突をくり返し、内戦へと突入しました。

5月5日の朝5時頃でした。ものすごい爆発音に目が覚め、何が起きたのかパニックになって飛び起きました。南から放たれたソ連製のスカッドミサイルが近くに着弾したとのこと。慌てて屋上に出てみるとタタタタタというカラシニコフの乾いた銃声が響き渡り、パラボラアンテナに銃弾の破片が当たる音が聞こえます。しばらくして戦闘機が飛んできたかと思うと、少し離れたところで撃ち落とされ、黒煙を上げていました。

戦車や装甲車が市街地で激しく撃ち合ったのは最初の日だけで、翌日からは、毎日数時間ごとに繰り返される対空砲火の音を聞きながら、たまに、「南がスカッドミサイルを放ったので、1時間後にはそちらに着弾するから気を付けるように」といった大使館からの情報に緊張しながら1週間を過ごしました。

そして、ドイツ軍が我々を救出してくれることになり、ドイツ大使館に避難すると、出稼ぎのアフリカ人やフィリピン人らが、自分たちも助けてほしいと押し寄せていました。私たちはそういう人たちを押しのけて、飛行場にたどり着くと、ドイツ軍が用意したC130輸送機にのせられ、対岸のジブチのフランス軍基地内にできた難民キャンプに無事に収容されたのでした。あの時サヌアでは爆音のたびに何人の人たちが殺されているのかと思うと、もっと直接的に戦争の犠牲者たちを支援する仕事をしたいと思いました。

■パレスチナの戦争は石と実弾の戦いだった

私は1997年から2002年までパレスチナに滞在し、NGOで仕事をしていました。

イスラエルは、兵器を自ら製造、保有して、アラブ諸国との戦争を戦ってきました。ついには核兵器を保有し、最近は、ハイテク兵器の開発が進んでいると聞きます。

しかし80年代後半に始まったパレスチナ人の抵抗運動は、石を投げるパレスチナの子どもに、イスラエル軍がゴム弾や実弾で対抗するというものでした。

「子どもが石を投げるのなら腕をへし折れ」という厳しい弾圧が続いていました。

１９９３年にオスロ合意で和平が結ばれると状況は良くはなっていました。

パレスチナの若者たちがイスラエル軍に対してある程度石を投げて鬱憤(うっぷん)を晴らすとパレスチナ警察も間に入ってデモは終わりというような感じでした。しかし、いよいよパレスチナという国を建国する、しないとなった時に、ユダヤ人の多くは「武力でつぶす」と豪語しました。

２０００年9月にリクード党のシャロン党首がエルサレムの神殿の丘を訪問すると、これをパレスチナ人たちは、イスラム教徒への冒涜(ぼうとく)ととらえ、衝突が一気に拡大します。

10月には、パレスチナ自治区に迷い込んだユダヤ人が2名、パレスチナ警察に保護されると、噂を聞きつけたパレスチナ群衆が警察署に詰め寄せ、そのユダヤ人たちを2階の窓から突き落とすと、さらに群衆が殴る蹴るの暴行を加えて殺してしまうという事件が起き、一部始終がＴＶで中継されました。

さらに群衆は歓声を上げて遺体を引きずり回し、手足を切断して火をつけてしまったのです。イスラエル軍はヘリコプターを飛ばして、報復に警察署を爆破しました。

「難民キャンプがテロの巣窟になっている」として、イスラエル軍は、戦車をキャンプの入り口に配備し、激しい攻撃を加えることもありました。

私たちが活動を行っていたベツレヘムの難民キャンプで暮らす15歳の少女ニダは、知的障害が少しあり、イスラエル軍がキャンプに侵攻してきた時、ドアの外で立っていたのです。イスラエル軍はそれだけの理由で彼女を撃ちました。血を流して苦しんでいたニダを家族は家の中に入れ病院に連れていこうとしましたが、銃撃が激しくなり、そのうちにニダは息絶えたそうです。

ムハンマドさん26歳は、耳も聞こえず、話すこともできない障害者です。家族のためにパンを買おうと出かけていった時に、イスラエル兵に職務質問されました。

「ＩＤを見せろ」と言っても何も答えないので怪しまれて射殺されたといいます。

私も、検問でイスラエル兵から銃を突き付けられたことがありましたが、パスポートを見せれば撃たれることはありませんでした。上記の２人はイスラエルにとってはテロリストなのでしょうか？　じゃあ、私も殺されたら、テロリストだから射殺したと片付けられるのでしょうか。

当時は、イスラエルの行き過ぎたやり方に、国家テロという言葉が使われていましたが、２００１年ニューヨークで同時多発テロが起きると、イスラエルは、声高にテロとの戦いを自分たちが先導しているように国際社会に訴えました。

ウジ・ダヤン・イスラエル国家安全保障会議議長が来日した際に、お話をうかがう機会がありました。テロとの戦い方を力説し「蚊を考えてください。まず飛んできたら直接殺す。そして、刺されないように蚊帳などで予防すること。最後に、ボウフラのわくような場所を徹底的に壊すのです」と言うのです。

蚊を殺すのに、かわいそうと思う人はあまりいないでしょうが、ボウフラとはつまりパレスチナの子どもたちなのです。

イスラエルの強硬なやり方は、かえってパレスチナ人の憎しみを増長させ、イスラエル内でのテロも増加していきました。

２０１４年5月12日、安倍・ネタニヤフ両首相が、国防とサイバーセキュリティの分野での協力推進で合意し、7月にはイスラエルを訪問した茂木敏充経済産業大臣が、両国の企業や研究機関が「共同研究・開発」を促進する覚書を締結、署名しています。日本の兵器の欠陥として指摘されているのは、実戦経験がないということですが、日本はイスラエルと一緒になってパレスチナ人を実験台として兵器を開発していくのでしょうか？

■小さなハラブジャ村と化学兵器

米国は２００３年のイラク戦争の際には、イラクを攻撃する理由として

1）大量破壊兵器の開発と保有に関する疑惑

2）かつて大量破壊兵器を自国内の少数民族であるクルド人に使用した

3）イラクは国際テロ組織と結託している
を挙げており、特に化学兵器が、すぐにでも国際テロ組織と結託して使用される危険性を指摘していました。

ハラブジャ村は、イラクの北東にある村でイランと国境を接しているクルド人の村ですが、イラン・イラク戦争の末期の1988年3月16日、イラク軍が使用した毒ガス兵器で、5000人の住民が死亡したといわれています。

2003年3月16日、イラク攻撃の際、ブッシュ大統領はあえて3月16日という日を選び、「サダムが15年前、ハラブジャで毒ガス兵器を使い数千人を殺した。彼の犯罪が世界に広がるのを許すわけにはいかない」として、国際社会にイラク攻撃の理解と支持を求めました。

しかし、実は、米国はイラン・イラク戦争（1980〜1988年）の際には、イラクを支援していました。1984年3月にイラクを訪問したドナルド・ラムズフェルド特使は、「米国はイランの打倒を優先しており、化学兵器の使用を罰するつもりはない」とイラク政府に伝えていたといいます。イラクが化学兵器を使用したことを知った後も、米国政府は、ダウ・ケミカル社による150万ドル分の殺虫剤のイラクへの販売を許可しているのです（88年12月）。また、何社かの米国企業がイラクに生物兵器の原料となる炭疽（たんそ）菌を販売していますが、兵器に転用されることは織り込み済みだったのでしょう。

イラクでは、小児がんの子どもが増えているといわれており、その理由は、1991年の湾岸戦争時に米軍が使用した劣化ウラン弾ではないかといわれています。

劣化ウランは比重が鉄の2・5倍で、とても硬く、砲弾に使うと戦車の装甲を簡単にぶち抜くことができます。しかも原料は、核兵器や原発の核燃料の抽出後に残る放射性廃棄物ですので、材料費がかかりません。劣化ウラン弾は、イラク軍の戦車を次々に破壊していきました。しかし、燃焼した劣化ウランの微粒子が空気や大地を汚染してしまい、多国籍軍、イラク軍の兵士のみならず、イラクの市民に被害を与えることになりました。劣化ウランの半減期は、45億年といわれています。

数年後、湾岸戦争に従事した米兵に、髪の毛が抜けたり、白血病に近い症状が表れ始めました。それらは「湾岸戦争症候群」と呼ばれ、劣化ウラン弾の放射能が原因ではないかという疑惑が持ち上がりました。

一方、イラク政府は、劣化ウラン弾による汚染地域で、がんの患者が増え、特に小児白血病の発症が増え、異常出産や死産も増えていると、国際社会に訴えました。

米国政府はそれに対し、「劣化ウランの使用は人体に影響のない範囲であり、サダム・フセイン政権の反米キャンペーンだ」とはねつけたのです。

小児白血病は、先進国では80~90%治る病気だといわれていますが、イラクでは、ほとんどの子どもが死んでいくしかありませんでした。理由は、国際社会がイラクに科した経済制裁でした。

1990年のイラクのクウェート侵攻によって、国連安保理で決議された経済制裁は続いていました。抗がん剤は、化学兵器の原材料になるという理由で制裁の対象とされ、イラクに輸出するのは禁止されていました。一部の患者の家族は、ヨルダンなどからこっそりと入ってくる闇市場に流れている薬を高価な金額で購入していました。

「あなた方が、日本から薬を届けてくれても、それは偽善にしかならない。がんの子どもたちの治療には2～3年かかります。その間の薬がきちんと確保されないと、かえって子どもたちは、抗がん剤のせいで、抵抗力をなくし、死んでしまうでしょう。イラクは、石油の採れる国ですから、経済制裁がなくなれば、援助はいらないのです。そして、戦争を止めてほしい」と医者は訴えました。

２００３年1月末、米国のイラク攻撃は避けられないと多くのイラク人が思い始めていました。ラナ・ジャマル（12歳）は、数日前に白血病になり、モスルから入院してきました。左目が充血していましたが、髪の毛も抜けておらず、他の子どもたちに比べると元気そうでした。

彼女が「日本人と友達になりたい」といって描いてくれた絵は、自分と日本の女の子が手をつないでいる絵でした。その絵は平和のメッセージとしてメディアでも取り上げられました。しかし、5日後には、彼女は亡くなってしまいました。間近に戦争が迫り、イラクには闇の医薬品ですら入手するのが難しくなっていたのです。

かつては、米国の会社が化学兵器の材料をイラクに売っていたのに、国際社会の監視下に置かれたイラクは抗がん剤すらも買えない国になっていたのです。化学兵器を作ることなどできず、実際イラク戦争の後、米軍がしらみつぶしに探しても化学兵器は出てきませんでした。

私は、半年ぐらいたって、ラナ・ジャマルの家族に会いにモスルに行きました。「外国人がたくさん病院を訪れ写真を撮っていったが、何もしてくれなかった。あの時薬があれば、ラナは助かっていたのに」と言われました。

私たちは、何もできなかったくやしさから、がんの子どもたちを助けるために、日本イラク医療支援ネットワークというNGOを立ち上げ、医薬品などを病院に届けています。同時に、劣化ウラン弾を禁止、廃絶するキャンペーンも行なってきました。

劣化ウラン弾とがん発生の因果関係を証明するのは難しく、米国は、人体に影響のない範囲で使用しているといい、1999年のコソボ紛争、そして2003年のイラク戦争でも劣化ウラン弾を使用したのです。

詳細は明らかにされていませんが、2000トンは超えているのではないかといわれています。

湾岸戦争、イラク戦争でどれくらいがんの子どもが増えているかという正確な統計データがなく、たとえば、米政府のプロジェクトでバスラ小児がん病院の建設プロジェクトに加わった米海軍のエンジニア、アレン大尉によると、イラクでの小児がんの発症率は欧米諸国の8~10倍高く、イラク南部ではイラク全土の平均値に比べ4倍高い。バスラの白血病は1989年に比べ、7倍に増えたと報告しています。

また、2003年から04年にかけて、中西部のファルージャが米軍によって激しく攻撃され、その時に劣化ウラン弾や白りん弾が使用されたとされています。2010年、クリス・バズビーらの研究者が、ファルージャの711軒、4843人の調査を行ない、ファルージャでは、エジプト、ヨルダンや、クウェートの住民よりも、白血病の発症率が38倍高く、小児がんの発症率は12倍高く、乳がんは10倍以上多くみられ、大人のリンパ腫と脳腫瘍のレベルが増えていることを報告しています。

その後、ファルージャは２０１４年に、「イスラム国」に制圧されてしまい、多くの住民が国内避難民となりました。

■シリア内戦、そして「イスラム国」

２０１１年3月、シリアでは、「アラブの春」の影響を受けて、民主化を訴えたデモが全土に広がっていきました。アサド政権は厳しい鎮圧に乗り出しました。7月に、シリア軍から離反した大佐らが自由シリア軍を結成すると、シリアは本格的な内戦へと突入します。

ヨルダンで支援活動を行なっていた私たちは、病院に運ばれてくる自由シリア軍の兵士たちを多く見ました。彼らは、「私たちに必要なのは武器だ」と口をそろえて言っていました。当初武器の調達は、シリア政府軍からの略奪や、政府軍から闇で購入するなどでしたが、トルコやサウジや、カタールが彼らの武器購入に資金面で協力します。一方ロシアは、アサド政権を擁護し、戦闘ヘリや戦闘機の供与を行ない内戦はエスカレートしていきました。

シリアと国境を接しているトルコは、自由シリア軍と、敵対している「イスラム国」双方に武器を供与しているといわれています。ロシアも、アサド政権と、クルド勢力のＹＰＧの両方に武器を支援するなど、火に油を注ぐような武器の売買が行なわれているのです。

「イスラム国」がシリアとイラクにまたがって「建国」されると、米国も空爆を行ない、地上ではクルド勢力へ武器を供与するなどして、軍需産業にとっては格好の市場と化していきます。

２０１３年、シリアのダラーでロケット弾に被弾し、右腕と右脚を失った12歳のムスタファ君という少年が、ヨルダンに治療に来ていました。野戦病院で応急処置を受けて救急車で国境を越えてヨルダンの病院に担ぎ込まれたのです。彼が見せてくれた携帯電話には、野戦病院のベッド上に寝ている動画が入っていました。腕は皮一枚でぶら下がり、脚はぐちゃぐちゃにつぶれていました。

彼は、とても明るくふるまっています。「どうしてそんなに明るくしていられるの？」と聞くと、「みんなと同じ」と言います。彼は戦闘員ではないのですが、気持ちは、革命戦士そのものでした。

４年近くたち、ヨルダンで難民生活を続けるムスタファ君を訪ねました。

人口６００万人くらいのヨルダンにシリア難民が１００万人ほど暮らしています。ヨルダン政府は、就労許可を与えなかったので、援助に頼って生きている人たちが大半です。しかし、長引く紛争で国連の予算も減ってしまい、最近になってヨルダン政府は一部のシリア難民に就労許可を出し始めました。

しかし、ムスタファ君のお父さんはこれといった仕事がなく、ムスタファ君も学校には行っていません。お父さんは、「学校？　そんなの行く必要はない。俺は小学校5年生でやめてしまったよ」と言います。家計を助けるためにもムスタファにも働いてほしいと思っているようですが、手足を失ったムスタファ君には肉体労働もできません。

シリアに帰れるめどは立たず、希望を見いだせずにいました。

内戦が始まったころ、アサド政権が倒れれば、自由と民主主義が訪れると信じたシリアの人々。そのためには武器が必要と訴え続け、気が付くと、国際社会の武器商人たちに翻弄されてしまい、故郷のシリアはがれきの山となってしまいました。難民たちは唯一の希望をヨーロッパに見いだし、移住していきました。しかし、数は限られ、ヨーロッパもそう簡単には受け入れてくれなくなりました。

アサド政権であろうがなかろうが、もう戦争はたくさんだと感じているシリア人もたくさんいます。しかし、シリア一帯は軍需産業にとっておいしい市場となり、彼らはおいそれと市場を手放そうとはしません。ムスタファ君一家がどうなろうが、利益さえ入ってくればそれでいいのです。

イラクでも状況は同じです。アルビルには、私たちが人道支援を行っている事務所があります。アルビル国際空港は、民間の飛行場なのに、最近では米軍の輸送機、そして戦闘用のヘリコプター、オスプレイといった高価な軍用機が離発着を繰り返しています。今、イラク軍と多国籍軍によるイスラム国からの解放作戦が最終段階に入っています。モスルの大半が解放され、2年以上「イスラム国」の支配下で暮らしていた人たちがようやく逃げてくることができ、難民キャンプに収容されているのです。ミサイルが一発撃ち込まれるたびに、人は殺され、手足をもぎとられ、そして、そこから逃げてきます。

ミサイル一発撃ち込むたびに利益を得る軍需産業。日本もそれを国益にしようと大きく舵切をした今、そのような人々に寄り添い、支援を続け、目をそらさないことが重要です。

16 戦争を欲する日本版「軍産学複合体」を作らせないために

杉原浩司（武器輸出反対ネットワーク［NAJAT］代表）

■新三原則、早くも見直しへ

日本における「軍産学複合体」の形成が現在どのような段階にあるのか。自民党安全保障調査会が2017年6月22日、稲田防衛大臣（当時）に提出した「防衛力を支える基盤の構築に関する提言」は、それを読み解くための格好のテキストになっています。この提言は、政府が2018年度中に策定を予定している中期防衛力整備計画への反映を求めて出されたものです。

まず、「防衛装備移転」の項を見てみましょう。そこでは「防衛装備移転三原則」の策定から3年が経過しながら、主な武器輸出案件が、海上自衛隊の練習機「TC—90」のフィリピンへの貸与のみに留まっていることが語られ、政府に対して、「運用面も含め三原則の見直しを行うべき」と主張しています。わずか3年で見直しを提案せざるを得ないところに、自民党国防族の焦りを見てとることができます。

2014年4月1日に、「国是」とされていた武器輸出三原則を閣議決定のみで撤廃して策定された「防衛装備移転三原則」は、「原則」とは名ばかりで、政府の裁量の大きい代物でした。驚くべきことに、新三原則のもとでは、「世界に紛争当事国は存在しない」というのが政府の公式見解です。なぜなら、「紛争当事国」の定義を「武力攻撃が発生し、国際の平和及び安全を維持し又は回復するため、国際連合安全保障理事会がとっている措置の対象国」と極めて狭く限定したからです。これに当てはまる直近のケースは、なんと1991年の湾岸戦争時のイラクです。

現在、日本が明確に武器輸出できないのは、国連安保理が武器禁輸を決議しているわずか11カ国（アフガニスタン、中央アフリカ、コンゴ民主共和国、エリトリア、イラク、レバノン、リベリア、リビア、北朝鮮、ソマリア、スーダン）のみ。それ以外にはイスラエルやシリアなどを含め、理論上はどこにでも武器輸出が可能となっています。さらに、ライセンス生産した武器部品をライセンス元に輸出する場合、相手国が第3国に再輸出する際に日本政府の事前同意が不要とされているなど、抜け穴も多く存在します。これほど緩い「原則」のもとですら、武器輸出が難航しているのが実態なのです。

■勝ってはいないが負けてもいない

安倍首相自ら「トップセールス」を行い、官邸主導で前のめりに進めてきたにもかかわらず、ろくな成果は出ていません。振り返ってみましょう。政府は2015年1月以降、〝潜水艦キラー〟と呼ばれる川崎重工製の最新鋭の対潜哨戒機P―1を英国に輸出するため、非公式に接触を重ねましました。

た。しかし、同年11月、英国政府は米ボーイング社のＰ―８の調達を発表。日本はあえなく敗退しました。

さらに、新型潜水艦を12隻建造する総額４兆円を超えるビッグビジネスとなっていたオーストラリアの潜水艦商戦においても、米国の後押しも受けて有力と見られていた日本の官民連合（三菱重工と川崎重工を含む）は、フランスの政府系軍需企業であるＤＣＮＳに敗北を喫しました。

そして、当初から有力視されていた新明和工業製の軍用救難飛行艇ＵＳ―２のインドへの輸出も、思いのほか難航しています。新明和工業の幹部が「設備投資しても費用が回収できない」と本音を漏らしてはばからないほどに、採算面でのめどすら立っていません。

日本の武器輸出政策のブレーンとして、戦後日本初の国際武器見本市「MAST Asia」（２０１５年５月にパシフィコ横浜で開催。２回目は２０１７年６月に幕張メッセで開催）の実行委員長も務めた森本敏・元防衛大臣（拓殖大学総長）は、２０１６年６月に放映されたＢＳフジのプライムニュースにおいて、日本がオーストラリアの潜水艦商戦に落選した原因をこう分析しました。「いわゆる『レピュテーションリスク』という、『武器商人になるのか』と言われるという気持ちも企業の中にまだ残っている。すべての会社ではないが、そこまで苦労して現地に乗り出すことにメリットを考えない会社もあった」と。「レピュテーションリスク」とは「企業への否定的な評価や評判が広がることで信用やブランド価値が低下し、損失を被るリスク」のことです。市民が「死の商人にならないで」と働きかけてきたことには確かな意味があったのです。市民にとっては「勝ってはいないが負けてもいない」と現状を捉えることが重要です。

その後、森本氏は2016年10月に開催された「国際航空宇宙展」においても、「アジアにそっくり装備品を移転するのは難しいのではないか。日仏、日米などで共同開発した装備品の供与を考えるべきではないか」と発言しています。武器輸出を推進する側にとっても、蓄積がなく、ノウハウにも乏しい日本が武器輸出市場に参入するのは容易ではないことが自覚され始めているのです。

ただ一方で、自衛隊の中古の武器を無償または安価で輸出できるようにする改定防衛省設置法が2017年の通常国会で成立し、今後、東南アジアなどへの輸出が具体化していくことになります。これは、米国による対中国包囲網づくりを肩代わりする側面があり、重大な進展と捉えるべきでしょう。既に、日本政府がフィリピン軍に対して、2017年度中に自衛隊のヘリコプター部品と中古の練習機「TC―90」を無償で輸出する調整に入ったことや、マレーシア、ベトナム、フィリピンが自衛隊の中古の対潜哨戒機「P―3C」の無償供与を打診しており、調整が進められていることが報じられています（8月10日、ロイター）。

■進展する武器の共同開発

森本氏が期待をかける武器の共同研究や共同開発は、着実な進展を見せています。武器輸出の「先駆け」とも言うべき日米の「ミサイル防衛」共同開発は、イージス艦から発射する「SM―3ブロック2A」の海上での迎撃試験の「成功」（17年2月）と「失敗」（17年6月）を受けて、当初の計画より遅れながらも、生産段階への移行に向かっています。日本は早ければ21年度から調達する見込みであり、能力改修型のあたご型イージス艦への搭載が想定されています。同ミサイルは欧州などにも輸出される予定であり、日本製部品が組み込まれた武器が世界に拡散することになります。

また、三菱電機が参画している日英の空対空ミサイル共同研究は、17年度中に共同研究が終了する見込みだと報じられており、安倍政権が開発に舵を切ることは必至です。それを報じた２０１７年1月17日の産経1面には、「日英で世界最高ミサイル」との大見出しが躍りました。この新型ミサイルは、完成後にイスラエルや米国を含む世界で約３０００機もの調達が予定されているＦ—35戦闘機などに搭載されると見られています。２０１６年10月の国際航空宇宙展で内倉浩昭・防衛省航空幕僚監部防衛部長・空将補は、「数的劣勢で戦うには武器の長射程化が必要だ。迂回してたどり着ける長いミサイルを。日英共同研究中のミーティア後継型に期待している」と述べました。武器の共同開発が日本の軍備増強にも直結する時代に入りつつあるのです。さらに、17年1月5日の日仏防衛相会談では、機雷探知技術を共同研究することも合意されました。

加えて、当初の動きはいったん頓挫したと見られていますが、２０１６年6月にはイスラエルとの無人偵察機の共同技術研究の動きさえ発覚しました。武器輸出三原則の撤廃直後の２０１４年6月にパリで開催された国際武器見本市「ユーロサトリ」のイスラエルの無人機ブースで、堀地徹・防衛省防衛政策課長（当時）は「イスラエルの実戦を経験した技術力を日本に適用することは、自衛隊員のためにもなるし、周りの市民を犠牲にしないで敵をしっかり捉えることは重要。（イスラエルの）機体と日本の技術を使うことでいろいろな可能性が出てくると思う」との信じ難い発言をしました。彼はその後、防衛装備庁の装備政策部長を経て、南関東防衛局長に異動しましたが、メディアの取材に対して、「（共同開発して）いいものができたら東南アジアに売ればいい」と発言しています。倫理のかけらもない防衛官僚の出現に戦慄を覚えます。

企業レベルでも、共同開発や競争力のある部品の供給に向けた動きが出ています。三菱重工はライセンス生産しているF—15戦闘機の部品をアメリカに輸出する計画を水面下で進めています。防衛装備移転三原則ではライセンス元に輸出する場合、相手国から第3国への再輸出が日本政府の事前同意なしで可能となるため、三菱重工の部品が組み込まれたF—15戦闘機が中東諸国などに拡散し、人々を殺傷する恐れがあるのです。

三菱重工はまた、研究中の新型水陸両用車「MAV」の輸出も狙っています。2017年6月の「MAST Asia」にも出展し、担当者が「島が多い東南アジアなどの国に売り込みたい」（6月17日、毎日小学生新聞）と語っています。また、IHIは戦闘機のエンジンをライセンス元の米企業に逆輸出する検討を始めています。さらに、三井物産エアロスペースなどの商社も、こうした動向に呼応して商機を見いだそうと動き始めています。また、2017年3月16日には防衛装備庁と英国国防省がステルス戦闘機の開発に関して、機密を含む情報交換を可能とする取り決めを結びました。国際共同開発の可能性を検証するというものです。

■日本版「軍産学複合体」の本格的形成へ

武器本体の輸出が難航する中で、武器輸出戦略の再構築が図られています。その柱は、武器の共同開発とも関連しますが、日本が得意とする民生技術（デュアルユース技術）を、自衛隊のみならず米軍をはじめとする他国の武器開発に積極的に提供しようとするものです。それを通して、軍需企業や防衛省傘下の研究所に留まらず、大学や民生企業を組み込んだ「オールジャパン」の武器開発体制を作ろうとしています。要するに、日本版「軍産学複合体」を本格的に形成しようというのです。

その狙いを明確に示す3つの文書を、２０１６年8月31日に防衛装備庁が公表しました。それらは20年先を見すえた武器開発の青写真として作られたものです。まず、「防衛技術戦略」は、日米新ガイドラインの「装備・技術協力」に基づいて、米国防総省による武器開発計画に日本を組み込もうとするものです。安倍・トランプ会談後の日米共同声明（２０１７年2月10日）にも、「防衛イノベーションに関する2国間の技術協力を強化する」と明記されました。

同戦略の付属文書である「中長期技術見積もり」は、今後優先すべき武器開発分野として、無人化（ロボット化）、スマート化（人工知能）、高出力エネルギー技術（レールガン）を挙げています。これらは「第3の相殺（オフセット）戦略」（民間技術の取り込みによる武器の革新で軍事的優位を確保する）を掲げる米軍が、まさに重視している分野に重なります。自民党提言に戻ってみましょう。そこにはやはり「高出力レーザー、レールガン、電磁パルス弾、無人装備、人工知能」などが「重点的に資源を配分」すべき分野として列挙されています。

防衛装備庁が同時に公表した「将来無人装備に関する研究開発ビジョン」では、初めて「戦闘型無人機」の開発に踏み込み、中長期技術見積もりでは、それをアフリカなどの紛争地域で運用することまで構想しています。海賊事件が激減して不要となったはずのジブチの海上自衛隊基地を、恒久的にＰＫＯ派遣や「対テロ戦争」支援の拠点として再整備しようとする動きは、こうした構想と一体のものと見るべきでしょう。

ちなみに、これらの3文書に共通する「技術的優越」というキーワードは、米軍の戦略文書のコピーであり、新たな時代の軍拡競争の論理にほかなりません。

■シリコンバレーが主導する「戦場の革命」

では、米軍による「第3の相殺戦略」とは何でしょうか。それが重視する技術分野は、ロボット技術や人工知能（ＡＩ）研究を背景とする自律型システム、宇宙技術、小型化技術、ビッグデータ解析、３Ｄプリンティングなどです。米国防総省傘下のＤＡＲＰＡ（国防高等研究計画局）のアラティ・プラバカール前長官は、「最新の民間技術にアクセスし、それを国防総省の持つ秘密資源にしっかり統合すれば、驚異的な戦闘能力の向上が実現するはずだ」（『News Week 日本版』２０１６年12月13日号）と述べています。ＩＴ企業の集積地であるシリコンバレーが新たな「戦場の革命」を主導する構図が見えます。日本は、米国の「軍産学複合体」の新たなニーズに忠実に応えるために、民間企業や大学・研究機関を進んで差し出そうとしているのです。

武器開発における米国への従属の動きは、既に露骨な段階に入っています。２０１６年11月下旬、米国防総省関係者が日本の民間技術を米軍の武器に採用できるかどうかを調べるために、経済産業省の仲介で、日本企業を対象とした秘密説明会を開催しました。そこになんと約60社が参加。さらに、12月上旬には自動制御などに関連する18社との個別面談さえ行われました（２０１７年１月９日、共同通信）。そして、２０１６年10月の国際航空宇宙展では、世界最大の軍需企業である米ロッキード・マーチン社のマリリン・ヒューソンＣＥＯが、基調講演で関心のある日本の技術分野として、「自動走行、人工知能、エネルギー貯蔵」などを挙げていたのです。米国の狙いが、日本の進んだ民生技術の軍事への〝盗用〟にあることは明らかです。

既に以前から、日本の民生技術の軍事転用は着実に進んできていました。例えば、２０１５年10月に放映されたＮＨＫスペシャル「ドキュメント武器輸出」の後半では、日本の従業員20人ほどの中小企業が製造するレンズが、仲介業者を通して他国の軍に転売され、無人機のカメラとして組み込まれていることが生々しく報告されていました。また、２月４日に開催された日本学術会議のフォーラムで、三菱重工の武器部門の責任者だった西山淳一氏は、パナソニック製の頑丈なノートパソコンである「タフブック」が、米軍の原子力潜水艦の装置として組み込まれていることを紹介していました。

防衛省もまた、大手軍需企業の下請けに入ったことがない中小企業を対象に、自衛隊の武器に使える先端技術の調査に乗り出しています。米国防総省が日本の民間技術を調査する秘密説明会を開催した直後の2016年12月に製品展示会を開き、耐久性の高い繊維や3Dプリンター、超高感度カメラなどについて、企業から提案を受けたといいます（8月15日、共同）。

■科学技術政策の軍事化

現在起きているのは、安全保障政策の枠組みを超えて、国策として上から「軍産学複合体」を本格的に形成しようとする動きです。その表れの一つが科学技術政策の軍事化です。2016年1月に閣議決定された第5期「科学技術基本計画」には、初めて「国家安全保障」のための研究開発の推進が盛り込まれました。

ここで、再び自民党提言に戻りましょう。「研究開発における関係機関・同盟国等との連携」の項目では、日本の科学技術政策の「司令塔」とされる総合科学技術・イノベーション会議（CSTI）のもとで、政府全体でデュアルユース技術の研究を推進せよと述べ、内閣府設置法を改定して防衛大臣をCSTIの正式議員にすべきと提案しています。

そして防衛省における研究開発費を伸ばすとともに、内閣府、文部科学省、経済産業省において安全保障に資する研究開発事業を実施するよう求めています。こうした省庁横断的な軍事研究が現実となれば、その見えにくさにより大学や研究機関側の心理的な抵抗が弱まることも危惧されます。

さらに見逃せないのは、「意欲のある大学については、セキュリティクリアランスを付与し、研究面や財政面を含め支援する制度を構築」と書かれている点です。要するに、大学における軍事秘密研究を解禁しろというのです。今までにない踏み込んだ要求であり、見過ごすわけにはいきません。

そして、米国に存在する安全保障関連の科学技術政策の司令塔とされている「国防科学委員会」（DSB）のカウンターパートとなる内閣直轄の組織の創設を求めています。米国のDSBはブッシュ政権によるイラク戦争や宇宙の軍事化を促進する役割を果たしてきました。ジャーナリストのアニー・ジェイコブセンは『ペンタゴンの頭脳』（太田出版）でこう主張します。「2014年の時点でも、DARPAにもっとも大きな影響力を持つ科学顧問グループは国防科学委員会（DSB）なのだ」。そのうえで、「DSBはなぜこれほど熱心にロボット兵器をペンタゴンに押しつけようとするのだろうか？」「答えは、軍産複合体の中心にある」と述べ、軍需産業の役員たちがDSBの中核にいることを紹介しています。

日本版DSBの創設をにらんだ動きは既に始まりつつあります。2017年2月3日に毎日新聞がスクープしたのは、CSTIのもとに軍民両用技術の開発を推進するための検討会を設置しようという企てでした。その委員を打診されていた中には軍需企業の幹部もいました。この動きは、マスコミに大きくクローズアップされたために、委員を打診されていた面々が辞退を表明し、現時点では設置が難航しているとされています。今後も十分な警戒が必要です。

■レピュテーションリスクの最大化を

私は2017年2月4日に開催された日本学術会議のフォーラムでこう主張しました。「今回の軍事研究というものによって何がもたらされるかというと、武力行使も含む戦地への派兵と武器輸出や武器の共同開発に貢献するための研究が求められるわけですね。両者はともに他国の人々を殺傷するための技術になるんですよ。そういうものに大学や研究機関あるいは学術会議が堂々と『防衛のためだから容認する』などということを言っている場合なんですか、はっきり言って。寝ぼけるのもいい加減にしろと言いたいですよ、大西（隆）さんや小松（利光）さんに対しては」と。大西隆さん（日本学術会議会長）と小松利光さん（九州大学名誉教授）は、「自衛のための軍事研究を容認せよ」と主張し続けていた人物です。

今、私たちは日本に「軍産学複合体」を作らせてしまうかどうかの大きな分岐点に立っています。

3月24日、日本学術会議の幹事会は、「安全保障と学術に関する検討委員会」（杉田敦委員長）がまとめた声明案を、ほぼ無修正で採択しました。過去の軍事研究禁止声明を「継承」し、防衛省の制度への応募を強く抑止する内容になっています。これは、日本の科学者コミュニティの矜持（きょうじ）を示したものであり、「戦争を欲する国」への暴走を食い止めるための手がかりになり得るものです。実際にこの新声明が出たことを力に、多くの大学が軍事研究推進制度に応募しないことを表明しています。

軍学共同とともに推進される武器輸出に対しても、しっかりとした歯止めをかけなければいけません。安倍政権による「軍産学複合体」の本格的な形成、すなわち武器輸出する「死の商人国家」への変質を阻むためには、企業が消費者に「死の商人」と見られることで企業イメージがダウンすることを恐れる「レピュテーションリスク」を最大化することが必要です。

2017年の冒頭に、武器輸出の新たな大型案件として浮上したのは、川崎重工が製造の中心となるP—1哨戒機とC—2輸送機をニュージーランドに輸出しようという動きでした。P—1は磁気探知装置などを備え、潜水艦や艦船を探索したうえで、対艦誘導弾や空対地ミサイルなどで攻撃できる軍用機です。C—2はさまざまな武器、軍用物資や兵員の輸送を目的として開発された輸送機です。

敗北続きの安倍政権がそのメンツをかけて、武器輸出の実績作りに動いたのです。オーストラリアへの潜水艦の輸出商戦では慎重な姿勢が目立った川崎重工は今回、「川重40年来の悲願」として輸出に前向きになり、「NECのソナー（音響探知機器）、IHIの高性能エンジンなどオールジャパン。関連ビジネスも多い。用途次第で商機も」との幹部の声が漏れ伝わってきていました。

武器輸出反対ネットワーク（NAJAT）では、2月15日に川崎重工東京本社への申し入れを行い、同日、神戸でも市民団体による神戸本社への申し入れが取り組まれました。また、企業向けのハガキを組み込んだアクションシートを作製し、集会などで配布を進めてきました。

幸い、7月9日の産経新聞がP—1哨戒機の輸出について「敗色濃厚」と報じました。同紙は「受け身の参加が原因か」と指摘し、技官が主導する防衛装備庁の体制見直しを主張しています。

　こうした中で、武器輸出を推進する側も課題を明確にしつつあります。海外の武器マーケットの実態を分析しているという「デロイトトーマツコンサルティング」のジャック・ミジリー氏は、武器輸出を成功させるために、日本政府や企業が見直すべき視点を3つ挙げています（2016年12月19日、『WEBRONZA』〈谷田邦一論文〉）。1つ目に、輸出機会の特定。世界には約4万件もの武器輸出プログラムがあるのに、防衛省や日本の軍需企業は積極的にチャンスを探そうとしていないと指摘します。2つ目に、技術移転。日本の場合、知的所有権を防衛省や大企業ではなく下請け企業が持っている場合が多く、せっかくの輸出のチャンスの足かせになっていると。3つ目に、産業界の体制、構造。防衛ビジネスの契約方法やコスト管理などすべての手続きが日本国内で行われることが前提となっていて、透明性が低く、海外との取引には通用しないというのです。

　ちなみに、デロイトトーマツコンサルティングは、ジブチの海上自衛隊基地の海賊対策以外での活用に関する調査業務を請け負ったり、自民党に食い込んで安全保障に関する政策の実現を図ろうとするなど、警戒すべき企業です。

■まだ間に合う。不断の努力を。

日本政府、防衛装備庁は、こうした提言をも参考にしながら、武器輸出戦略の建て直しを進めるでしょう。「レピュテーションリスク」を最大化しながら、武器輸出や共同開発の断念を迫る市民と、国策としての武器輸出を進める防衛装備庁とが、軍需企業をめぐって綱引きをする構図が浮かび上がります。そのせめぎ合いの勝負どころはここ1～2年でしょう。武器見本市や軍需企業の株主総会など、あらゆる機会を逃さずに、武器輸出反対の声を上げていくこと。そして、武器輸出を企てる軍需企業に対して、消費者として「死の商人にならないで！」とプレッシャーをかけ続けること。憲法9条の理念を踏みにじる武器輸出にあくまで抵抗する「不断の努力」こそが求められています。

戦争が始まってから反対するのは簡単ですが、実際に始まってしまった戦争を止めるのは難しいことです。だからこそ、戦争させない取り組みは今が本番なのだと思います。武器輸出や軍学共同を食い止める運動は、その意味で「シングルイシュー」に留まってはいられません。

日本の市民が肝に銘じなければならないのは、日本がその優れた民生技術によって、人工知能を組み込んだ「自律兵器」の誕生という人類史的犯罪に加担することを許してはいけないということです。アニー・ジェイコブセンは強く警告しています。

「世界は新たな時代の始まりという決定的な瞬間にさしかかっている。その重要性は熱核爆弾の製造決定に匹敵する。機械に自律性を与えれば、予期せぬ結果を招く可能性はこれまでの比ではない」（『ペンタゴンの頭脳』）と。

日本の市民や研究者が、軍事研究禁止を徹底させ、武器輸出や共同開発を挫折させることは、世界の軍縮への確かな貢献にもなるでしょう。そのうえで、さらに一歩を進めて、「武器輸出禁止法」の形にして拘束力を強化すべきだと思います。そのためには、かつて民主党時代に武器の国際共同開発を包括的に武器輸出三原則の例外とした民進党に政策見直しを求めなければいけません。

課題は多く道のりはたやすいものではありませんが、憲法９条を持つ日本政府と市民がなすべきことは、「死の商人国家」の仲間入りをすることではなく、武器輸出三原則を復活させて世界の武器貿易をやめさせることではないでしょうか。今なら、まだ間に合います。主権者である市民一人ひとりの行動によって、「死の商人国家」への道をふさいでしまいましょう。

■武器輸出関連年表■

1949年 対共産圏輸出統制委員会（ココム）発足

1950～53年 朝鮮戦争

1950年 日本学術会議「戦争を目的とする科学の研究には絶対に従わない」旨の総会決議
警察予備隊創設

1951年 日米安保条約（旧安保）締結

1952年 「保安隊」創設
「航空機製造事業法」
経団連に「防衛生産委員会」が発足

1953年 「武器等製造法」

1954年 「自衛隊」創設
日米相互防衛援助協定

1957年 岸信介内閣「第1次防衛力整備計画」

1960年 安保改定

1962年 「第2次防衛力整備計画」

1967年 ペンシルロケット輸出問題

佐藤栄作内閣「佐藤三原則」

「第3次防衛力整備計画」

日本学術会議「戦争を目的とする科学の研究は絶対に行なわない」旨の総会決議

1969年

5月　「わが国における宇宙の開発及び利用の基本に関する決議」採択

1972年

「第4次防衛力整備計画」

1976年

2月27日　三木武夫内閣「三木三原則」により、武器輸出は事実上全面禁止に

1981年

1月　堀田ハガネ事件

日本製鋼事件

2月　三宝伸銅事件

3月　武器輸出問題等に関する決議

11月　政府文書「対米武器輸出について―基本的な考え方―」公表

1983年

中曽根内閣が対米武器技術供与取り決めを締結し、米国向けに武器技術の輸出を解禁

1984年

11月　日米両政府「武器技術共同委員会」（JMTC）発足

1990年

「日米衛星調達合意」

1991年

1月　湾岸戦争

12月　ソ連邦の崩壊、冷戦終結

2001年

9月11日　9・11「同時多発テロ」事件

2003年

3月20日　ブッシュ大統領イラク攻撃

2004年

大学の法人化（国立大学法人）

2005年

小泉内閣が弾道ミサイル防衛の日米共同開発を武器輸出三原則の例外とする官房長官談話

2007年

山田洋行事件。守屋武昌前防衛事務次官らが逮捕、起訴。

防衛施設庁は廃止

日米政府間の軍事情報包括保護協定（GSOMIA）締結

2008年

5月　宇宙の軍事利用を解禁する「宇宙基本法」制定

2011年

12月27日　野田民主党内閣が「武器の国際共同開発などを武器輸出三原則の包括的例外」とする官房長官談話

2013年

3月　安倍内閣がF—35戦闘機の製造等に係る国内企業の参画を武器輸出三原則の例外とする官房長官談話

12月　安倍内閣3件の閣議決定（国家安全保障戦略、2014年度防衛大綱、2014年度中期防衛力整備計画）

特定秘密保護法が強行採決により成立

国家安全保障会議（日本版NSC）が発足

南スーダン国連PKOに参加する韓国軍への自衛隊による弾薬譲渡を武器輸出三原則の例外とする官房長官談話

2014年

4月1日　安倍内閣が武器輸出三原則を撤廃し「防衛装備移転三原則」を策定する閣議決定

5月9日　日本政府が武器貿易条約（ATT）を締結

6月　パリで開催された国際武器見本市「ユーロサトリ」に日本が初出展

7月1日　安倍内閣が集団的自衛権行使の容認を閣議決定

7月　防衛装備移転三原則のもとで、PAC—2ミサイル部品の対米輸出、日英ミサイル共同研究を認可

12月　防衛省有識者会合「防衛装備・技術移転等に関する検討会」第1回会合

2015年

防衛省の研究資金助成制度「安全保障技術研究推進制度」発足

- 2月10日　ODA大綱改定。「開発協力大綱」に
- 4月　「日米防衛協力のための指針」（新ガイドライン）締結
- 5月　戦後初の大規模武器見本市「MAST Asia 2015」がパシフィコ横浜で開催
- 6月　制服組（自衛官）に背広組（防衛官僚）と同等の権限を与える改定防衛省設置法が成立
- 9月　集団的自衛権行使を容認する「平和安全法制整備法案」「国際平和支援法案」（安保法制）が強行採決により成立
- 10月1日　「防衛装備庁」発足
- 12月　「武器輸出反対ネットワーク」（ＮＡＪＡＴ）発足

2016年

- 1月　第5期「科学技術基本計画」に初めて「国家安全保障」のための研究開発の推進を明記
- 3月　内閣法制局長官「憲法の範囲内では小型核兵器の保有と使用は許されている」答弁。同内容が閣議決定（4月）
- 4月　宇宙の軍事利用を促進する「宇宙基本計画」閣議決定
  オーストラリアの次期潜水艦商戦において日本はフランスに敗北
- 5月　日本学術会議が「安全保障と学術に関する検討委員会」（杉田敦委員長）設置
- 6月　日本とイスラエルによる無人偵察機の共同技術研究の構想が発覚
- 8月　防衛装備庁が「防衛技術戦略」「中長期技術見積もり」「将来無人装備に関する研究開発ビジョン」を策定
- 9月　「軍学共同反対連絡会」発足

2017年

- 2月　日米首脳会談後の日米共同声明に「防衛イノベーションに関する2国間の技術協力強化」を明記
- 3月　日本学術会議が幹事会で過去の軍事研究禁止声明を「継承」する「軍事的安全保障研究に関する声明」を決定
  防衛省の２０１７年度「安全保障技術研究推進制度」予算が前年の18倍の１１０億円に激増
  海上自衛隊の練習機「ＴＣ―90」をフィリピンに貸与
- 5月　中古武器の無償ないし安価での輸出を可能にする改定防衛省設置法が成立
- 6月　大規模武器見本市「MAST Asia 2017」が幕張メッセで開催
  共謀罪法が強行採決により成立
  自民党安全保障調査会が「防衛装備移転三原則」見直し、内閣直轄の日本版「国防科学委員会」の創設、大学における秘密研究の解禁などを提言

■参考になる本■

◆『武器輸出』（読売新聞大阪社会部、新潮社、1982）
◆『兵器生産の現場』（朝日新聞名古屋本社社会部、朝日新聞社、1983）
◆『日本の兵器工場』（鎌田慧、講談社文庫、1983）
◆『兵器大国日本―防衛投資とポスト・カー産業』（前田哲男、徳間書店、1983）
◆『カラシニコフ（Ⅰ）（Ⅱ）』（松本仁一、朝日新聞社、［Ⅰ］2004［Ⅱ］2006）
◆『ダイヤモンドより平和がほしい―子ども兵士・ムリアの告白』（後藤健二、汐文社、2005）
◆『諸刃の援助』（メアリー・B・アンダーソン、明石書店、2006）
◆『戦争で死ぬ、ということ』（島本慈子、岩波新書、2006）
◆『戦場から生きのびて―ぼくは少年兵士だった』（イシメール・ベア、忠平美幸訳、河出書房新社、2008）
◆『宇宙開発戦争―〈ミサイル防衛〉と〈宇宙ビジネス〉の最前線』（ヘレン・カルディコット他著、植田那美他、作品社、2009）
◆『ロボット兵士の戦争』（P・W・シンガー、小林由香利訳、NHK出版、2010）
◆「日米同盟「深化」と武器輸出三原則緩和問題」（井上協、『平和運動』480号、2011・1）
◆『ロッキード・マーティン―巨大軍需企業の内幕』（ウィリアム・D・ハートゥング、玉置悟訳、草思社、2012）
◆『勝てないアメリカ』（大治朋子、岩波新書、2012）
◆『アメリカの卑劣な戦争』上・下（ジェレミー・スケイヒル、横山啓明訳、柏書房、2014）
◆『武器輸出三原則はどうして見直されたのか』（森本敏編著、海竜社、2014）
◆『安倍総理から「日本」を取り戻せ!! 護憲派・泥の軍事政治戦略』（泥憲和、かもがわ出版、2014）

◆『地球を見つめる「平和学」―「石の科学」から見えるもの』（赤井純治、新日本出版社、２０１４）
◆『武器ビジネス―マネーと戦争の最前線』上・下（アンドルー・ファインスタイン、村上和久訳、原書房、２０１５）
◆『防衛装備庁―防衛産業とその将来』（森本敏編著、海竜社、２０１５）
◆『ハンター・キラー』（T・マーク・マッカーリー他、深澤誉子訳、KADOKAWA、２０１５）
◆『パレスチナ人は苦しみ続ける―なぜ国連は解決できないのか』（高橋宗瑠、現代人文社、２０１５）
◆『武器輸出大国ニッポンでいいのか』（池内了、古賀茂明、望月衣塑子、杉原浩司、あけび書房、２０１６）
◆『武器輸出と日本企業』（望月衣塑子、角川新書、２０１６）
◆『兵器と大学―なぜ軍事研究をしてはならないか』（池内了、小寺隆幸編、岩波ブックレット、２０１６）
◆『憲法と政治』（青井未帆、岩波新書、２０１６）
◆『科学者と戦争』（池内了、岩波新書、２０１６）
◆『軍事依存経済』（しんぶん赤旗経済部、新日本出版社、２０１６）
◆『世界』２０１６年６月号：特集「死の商人国家になりたいか」（岩波書店）
◆『防衛装備庁と装備政策の解説』（田村重信他、内外出版、２０１６）
◆『CIAの秘密戦争』（マーク・マゼッティ、小谷賢、池田美紀訳、早川書房、２０１６）
◆『米軍基地がやってきたこと』（デイヴィッド・ヴァイン、西村金一監修、市中芳江他訳、原書房、２０１６）
◆『18歳からわかる平和と安全保障のえらび方』（梶原渉他、大月書店、２０１６）
◆『ペンタゴンの頭脳―世界を動かす軍事科学機関DARPA』（アニー・ジェイコブセン、加藤万里子訳、太田出版、２０１７）
◆『「軍学共同」と安倍政権』（多羅尾光徳、池内了他、新日本出版社、２０１７）
◆『「軍事研究」の戦後史―科学者はどう向きあってきたか』（杉山滋郎、ミネルヴァ書房、２０１７）

田中 稔（たなか・みのる）

1959年生まれ。ジャーナリスト。『社会新報』編集次長。「村山首相談話を継承し発展させる会」理事。著書に『憂国と腐敗―日米防衛利権の構造』（共著、第三書館、2009）。

田巻一彦（たまき・かずひこ）

1953年東京生まれ。特定非営利活動法人ピースデポの発足に90年代半ばから参画、2004年から情報誌『核兵器・核実験モニター』共同編集責任者。2009年1月から同編集長。2015年4月からピースデポ代表。

多羅尾光徳（たらお・みつのり）

東京農工大学准教授。環境微生物学専攻。著書に『兵器と大学』（共著、岩波書店、2016）、『「軍学共同」と安倍政権』（共著、新日本出版社、2017）、「軍学共同に抗する大学自治を支える力」（『現代思想』2016年11月号）。

西川純子（にしかわ・じゅんこ）

獨協大学名誉教授。アメリカ経済史専攻。編著に『冷戦後のアメリカ軍需産業』（日本経済評論社、1997）、単著に『アメリカ航空宇宙産業』（日本経済評論社、2008）など。

浜田盛久（はまだ・もりひさ）

1974年生まれ。海洋研究開発機構研究員。火山学専攻。「宇宙開発－日本の宇宙開発の歩みと軍事利用 平和利用回帰への課題」（『経済』2016年3月号）、「急展開する軍学共同～この流れを押し止めるために、今～」（『全大教時報』2017年2月号）を執筆。

前田哲男（まえだ・てつお）

ジャーナリスト。長崎放送記者をへて自衛隊、安保問題の取材者。元東京国際大学教授、元沖縄大学客員教授。著書に『兵器大国日本』（徳間書店、1983）、『戦略爆撃の思想』（凱風社、2006）、『自衛隊　変容のゆくえ』（岩波新書、2007）など。

望月衣塑子（もちづき・いそこ）

東京新聞記者。社会部で軍学共同、武器輸出問題を主なテーマに取材。著書に『武器輸出と日本企業』（角川新書、2016）、『武器輸出大国ニッポンでいいのか』（あけび書房、2016）。

■執筆者紹介■

青井未帆（あおい・みほ）

学習院大学大学院法務研究科教授。憲法学専攻。著書に『憲法と政治』（岩波新書、2016）、『憲法を守るのは誰か』（幻冬舎ルネッサンス新書、2013）など。

赤井純治（あかい・じゅんじ）

新潟大学名誉教授。鉱物学。新潟県原水協代表理事、軍学共同反対連絡会事務局長。著書に『地球を見つめる「平和学」』（新日本出版、2014）、『鉱物の科学』（編著、東海大出版会、1995）。

池内 了（いけうち・さとる）

名古屋大学・総合研究大学院大学名誉教授。宇宙物理学・宇宙論、科学・技術・社会論専攻。著書に『科学者と戦争』（岩波新書、2016）、『ねえ君、不思議だと思いませんか？』（而立書房、2016）。

海老根弘光（えびね・ひろみつ）

1945年生まれ。株式会社東芝小向工場にて無線通信機器、衛星航法機器の開発設計に従事。2005年定年退職。1995年から「人権を守り差別のない明るい職場をつくる東芝の会」副会長として組合活動や思想信条による差別是正に取り組み、中央労働委員会で和解解決。

小金澤 鋼一（こがねざわ・こういち）

東海大学教授。ロボット工学専攻。日本科学者会議会員。

佐藤真紀（さとう・まき）

特定非営利活動法人日本イラク医療支援ネットワーク（JIM-NET）事務局長。著書に『戦禍の爪あとに生きる』（童話館、2006）、『ハウラの赤い花』（新日本出版、2010）、『希望』（鎌田實＋佐藤真紀共著、東京書籍、2012）。

杉原浩司（すぎはら・こうじ）

1965年生まれ。武器輸出反対ネットワーク（NAJAT）代表。軍学共同反対連絡会などに参加。著書に『武器輸出大国ニッポンでいいのか』（共著、あけび書房、2016）、『宇宙開発戦争』（ヘレン・カルディコット他著、作品社、2009）に「日本語版解説」を執筆。

髙橋清貴（たかはし・きよたか）

恵泉女学園大学教授。平和構築論、国際ボランティア論専攻。著書に『平和・人権・NGO』（共著、新評論、2004）、『ピースノート』（共著、お茶の水書房、2012）、『NGOから見た世界銀行』（共著、ミネルヴァ書房、2013）など。

装幀　六月舎＋守谷義明
組版　酒井広美

亡国の武器輸出
防衛装備移転三原則は何をもたらすか

2017年9月15日　第1刷発行

編　者　　池内 了＋青井未帆＋杉原浩司
発行者　　上野　良治
発行所　　合同出版株式会社
東京都千代田区神田神保町1-44
郵便番号　101-0051
電　話 03（3294）3506　FAX 03（3294）3509
振　替 00180-9-65422
ホームページ　http://www.godo-shuppan.co.jp/
印刷・製本　新灯印刷株式会社

■刊行図書リストを無料進呈いたします。
■落丁・乱丁の際はお取り換えいたします。

ISBN978-4-7726-1307-1　NDC559　188 × 130